ドタバタアナウンサー回顧録

馬場のぶえ

はじめに

皆さん、ご無沙汰しています！　元広島テレビアナウンサーの馬場のぶえです。

2024年10月、27年半勤めた広島テレビを退社し、今はフリーランスで、広島を拠点にしゃべる仕事を続けています。先日も講演会で出会った皆さんに「長い間、テレビお疲れ様でした」と温かい声をかけていただき、忘れずにいてくださってありがたいな〜と感じています。

この本は、私が広島テレビのアナウンサーとして感じたこと、経験したことをまとめた自伝的エッセイです。これを書こうと決めたのは、退社を決断した直後。27年半を振り返り、広島テレビから与えていただいたものをしっかり思い出した上で、卒業の日を迎えたいと思ったからです。そうすれば、より、周りの方々に感謝の気持ちを伝えられるはずと考えました。おかげさまで、文章にすることで、自分がいかに多くの方に支えられ、貴重な経験をさせていただいたか、再確認することができました。

広島テレビの夕方をずっと見てきてくださった方にはテレビの裏側をのぞく気分で、また、アナウンサーの仕事に興味のある方には、その一端を垣間見る気分で読んでいただきたいです。

さらに、本の中には、これだけ長くアナウンサーをさせてもらえる幸運に恵まれながら、なぜ自ら、このタイミングで退社の決断に至ったのかも詳しく書いています。第二の人生を考え悩んでいらっしゃる方にも参考にしていただけるとうれしいです。

それでは参りましょう。
馬場のぶえの『ドタバタ　アナウンサー回顧録』。
オンエアです！

2024年1月某日
馬場のぶえ

目次

3章　「柏村武昭のテレビ宣言」時代

4章　影響を受けた人たち

5章 プライベートのはなし

6章 印象深い仕事

1章

私を育んでくれた福井

1 幼少時代

私は、カープ初優勝の年、1975年の2月27日に、馬場家の次女として福井県で生まれました。実家は、今は貸家になっていますが、福井駅から車で30分ほどの、坂井市丸岡町にあります。

丸岡町といえば、丸岡城。12の「現存天守（江戸時代以前に建設され、現代まで保存されている天守）」の一つで、織田信長の家臣、柴田勝家の甥・勝豊が築きました。石瓦の屋根と、自然の石を積み上げた石垣が特徴の素朴なお城です。私が子どもの頃は「日本最古の天守」と言われ、「自分の町には日本一のお城がある」というのが自慢でした。

通っていた小学校は丸岡城のすぐそばにあり、教室の窓を開けるとお城が見えました。学校の写生大会も毎年丸岡城で行われ、6年間、丸岡城を描き続けました。もう実物を見なくても、描けそうな気がします。

そして、丸岡城は私にとっては遊び場でした。お城の中でかくれんぼをしたり、天守の周りの坂道を自転車で急降下したり、ふもとの公園の池で鯉を眺めたりしていました。

また、冬は雪の多いところでもありました。雪が積もると、田んぼと歩道の境目が分からなくなるほど。学校帰りに雪に埋もれた田んぼに入って長靴が抜けなくなり、ケンケンをして帰ったのを覚えています。

毎年、父が家の前の雪を集めてかまくらを作ってくれるのも楽しみでした。

かまくらの内壁に四角い穴を掘って手を入れると温かいことに気づき、最後は穴だらけになっていました。歴史

丸岡城での小学校の写生大会

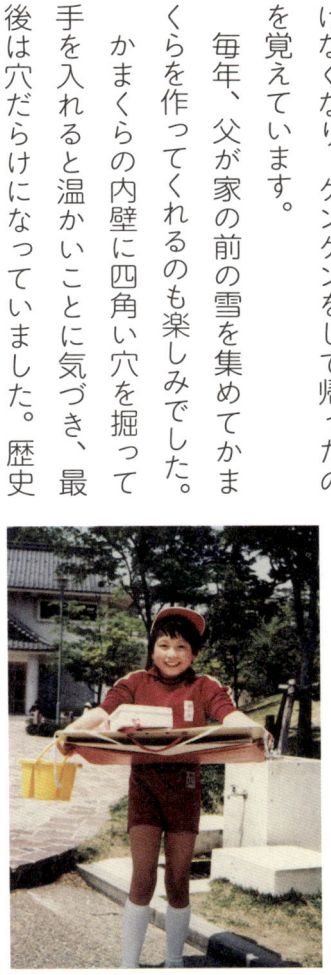

と自然に触れることができる良い町で育ったなと感じています。

子どもの頃はとにかく歌の好きな女の子。家では一日中歌っていたし、小学4年生の時には、学校ののど自慢大会に発熱を押して出場し、優勝しました。生まれ変わったら、ミュージカル『アニー』のオーディションを受けたいです（笑）。

それから、国語の音読が大得意でした。間違えずにいくらでも読めたので、先生や友だちから「上手ね～」とよく褒められていました。実はこのことが、アナウンサーを目指すきっかけになりました。

小学校では、校内放送を担当する放送委員に。運動会では、5、6年生の放送委員が入場行進や競技案内のアナウンスをすることになっており、私は、低学年の頃からずっとこの役を切望していました。しかし、5年生の時の選考テストでは、「抑揚がつきすぎている」という理由で落選。自分がいいと思っている読み方と、聞く人がいいと思う読み方は違う……、私が生まれて初めて学んだ、アナウンスの極意でした。

運動は苦手でしたが、ローラースケートとホッピングには自信がありました。はい、アイドルグループ『光GENJI』世代です。ホッピングは手放しで乗れるのが自慢でした（良い子は真似しないでください）。

広島テレビ時代は、テレビで手放しホッピングを披露したことも！

今でもできたりして…!?

2 中学時代

中学は地元の丸岡中学校へ。1学年11クラスもあるマンモス校でした。

部活動は、野球アニメ『タッチ』の南ちゃんに憧れ新体操部へ。単純でしたね。運動神経が人一倍悪かったのですが、私はそういう苦手なことほど克服したいと考えるタイプでした。誰よりも練習し、毎日、新体操のことで頭がいっぱいになるほど打ち込みました。

しかし、レギュラーになることは叶わず、たくさん涙を流しました。それでも、目標に向かって必死で努力する粘り強さが身についた気がします。さらに、レギュラーになれない悔しさ、補欠の選手の気持ちを知ることができたのも財産ではないでしょうか。

アナウンサーになり、さまざまな人を取材しましたが、最初から最後までレギュラーだったという人はほとんどいません。当時を思い出し、他人の悔しさに共感できることがうれしいです。

また、中学時代、もう一つ夢中になったのが音楽です。

渡辺美里《わたなべみさと》、TM NETWORK、BOØWY《ボウイ》、UNICORN《ユニコーン》、大江千里《おおえせんり》…近所に音楽好きの友人がいて、毎日のように彼女の家に入り浸って一緒に聞いていました。特に渡辺美里さんのアルバム『ribbon』は、音楽の扉を開けてくれた一枚。本当に、何度聞いたことやら。中でも『My Revolution』は、アナウンサーの夢を抱く私の心に響きました。

また、当時、よく聞いていたUNICORNですが、広島テレビ『テレビ派』でUNICORNのドラマーの川西幸一《かわにしこういち》さんと共演することになった時は、感慨深いものがありました。

あの頃の自分に教えても、信じなかっただろうな～（笑）。

3 高校時代

高校は、福井県立藤島高校に入学しました。福井では有数の進学校で、私は子どもの頃からこの学校に憧れていました。

しかし、入学した途端、「やった～！ 目標を達成した！」と勉強を放棄。あれよあれよという間に成績は落ち、気づいた時には劣等生になっていました。

全教科赤点で再テストの常連。授業がさっぱり分からず、分からないから眠くてしょうがない。そしてますます分からなくなるという悪循環。授業が苦痛で苦痛で仕方ありませんでした。

そんな私が唯一輝けた場所……それは、放送部でした。

当時の藤島高校放送部はレベルが高く、私は優秀な先輩達からアナウンスの基礎を学びました。今でも、私のアナウンスのベースは、高校の放送部だと思っています。

放送部の甲子園とも言えるのが、NHK杯全国高校放送コンテスト。コンテストには、アナウンスの部門と朗読の部門があり、私はアナウンスの部門で、3年連続、福井県の代表に選ばれました。しかし、このコンテストでは、何年経っても胸がちくりと痛む思い出があります。

アナウンスの部は、自ら考えた文章を発表するのですが、私は1年生の時、学校にいらっしゃったユニークな先生のことを題材にしました。県大会で優勝し、全国大会への切符を掴みましたが、その文章の中身に先生を侮辱する部分があると、ご本人からストップがかかり、全国大会への出場を辞退する結果となりました。私としては親しみを込めた内容のつもりだったので、先生への申し訳なさと、とんでもない事態になったショックでひどく落ち込みました。顧問の先生方が私を気遣ってくださり、出場はしなくとも東京での全国大会に同行させてくれましたが、観客席から見つめたコンテストの風景は今も忘れることができません。

自分や周囲が大丈夫だと思う言葉でも、人を傷つけてしまうことがある……高校生としては稀《まれ》な経験でしたが、アナウンサーの仕事に通じる学びだったと今は思っています。

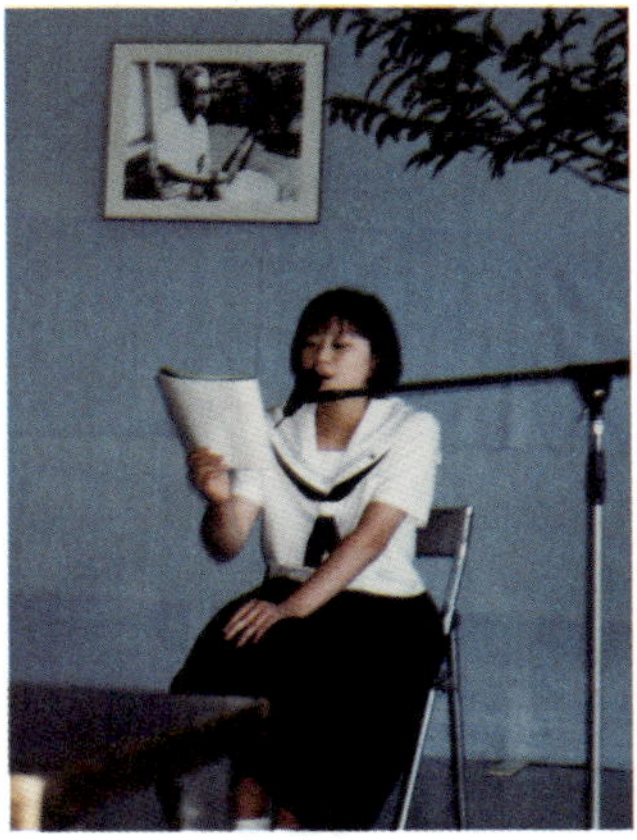

くちなし忌で中野重治の詩を朗読（17歳ごろ）

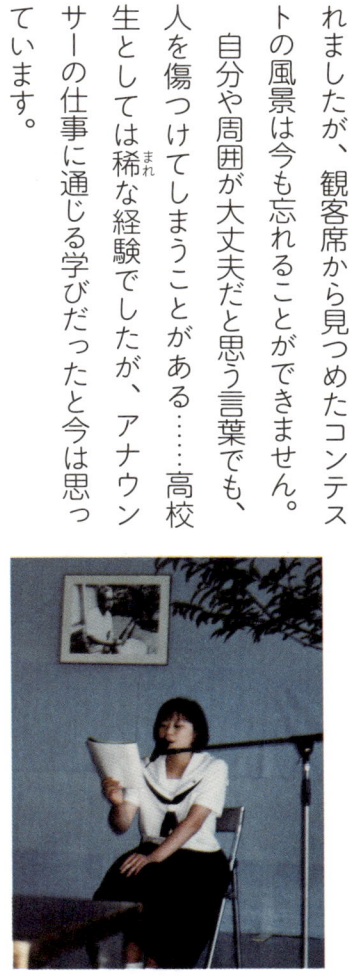

高校時代に好きだったのはドラマ。中でも『東京ラブストーリー』には、のめり込みました。昔から精神的に強い女性が好きで、鈴木保奈美《すずきほなみ》さんが演じるリカに惹かれました。感化されたおかげで、私も失恋にクヨクヨせずにすみました（笑）。それから、純粋で優しい完治も私の理想で、織田裕二《おだゆうじ》さんのファンになりました。

4 大学時代

成績は底辺をさまよいながら、アナウンサーの夢だけは持ち続けていた高校時代。3年生になった時、「アナウンサーになるためには大学に行かなければ！でも、このままではどこの大学にも行けない」と、お尻に火がつきました。

当時の民法キー局（ネットワークの中心となる放送局のこと。日本テレビ・TBS・テレビ朝日・フジテレビ・テレビ東京の5つ）の人気アナウンサー達の出身大学を調べると、その中で一番偏差値が低かったのが日本大学芸術学部放送学科でした。しかも、入試教科は当時、国語と英語だけ。その上、マークシート方式。これしかないと思いました。志望校を日芸（日本大学芸術学部）一本に絞り、徹底的に過去問題に取り組んだ結果、見事、合格。

それまで、親からどれだけ「勉強しなさい」と言われてもやる気が起きなかったのに、アナウンサーの夢を叶えたい一心で自ら軌道修正ができたのです。

この経験から、私は我が子に対して「勉強しなさい」は言いません。夢を見つけて、そこに向かって突き進んでほしいと思っています。

日芸では、アナウンスの勉強もしましたが、一番夢中になったのはバレーボールでした。

中学時代、休み時間に毎日バレーボールをして楽しかった思い出があり、初心者ながら、日芸のバレーボール部に所属しました。ジャンプ力がなく、スパイクをする時、空き缶くらいの高さしか跳んでいないことから、「空き缶ジャンプ」と呼ばれていましたが（笑）、上手くなりたくて本気で練習していました。そして、バレー部での一番の収穫は、なんといっても楽しい仲間に恵まれたこと。大学祭のステージではっちゃけたり、みんなで温泉旅行に行ったりと、思い出は尽きません。

バレー部のメンバーとは今も付き合いがあり、会えば何年経っても当時の感覚に戻れます。さらに、日芸放送学科の出身者は、やはり放送業界に進んだ人が多く、刺激を受けたり、時には助けられたりすることも。日芸を選んで本当に良かったと、年々感じています。

5 馬場家

実家は本家にあたり、私が生まれた頃は、両親、祖父母、曽祖父、姉と私の

7人暮らし。その後、祖父と曽祖父が亡くなり、小学生の時には、両親、祖母、姉と私の5人家族になりました。

父はサラリーマン。金型、プラスチック、機械の設計士でした。私が子どもの頃、父が勤める会社をのぞくと、グレーの作業服を着て製図台に向かっていたのを思い出します。几帳面で、字がきれい。また、おもちゃや簡単な機器ならなんでも直してしまう職人でした。野球観戦が大好きで、高校野球のシーズンは毎年優勝チームを予想して、一日中テレビの前で釘付けになっていました。プロ野球も、テレビでセ・リーグの試合を観ながら、同時にラジオでパ・リーグの試合を聴くほど。

私が広島テレビに就職することが決まると、旧広島市民球場に行くのを楽しみにしていましたが、私が入社した4日後、大腸がんでこの世を去りました。53歳でした。父の口癖は「子どもには夢に向かって大きく羽ばたいてほしい」でした。

父は大学卒業後、県外にある希望の製紙会社に入りましたが、体調を崩し、夢半ばで帰郷。「自分ができなかった分、子どもには夢を諦めさせたくない」という思いが強く、私の東京の大学への進学も、広島での就職も認めてくれました。

母は実家で化粧品店を開いていました。

いつもお客さんと楽しそうに話しながらメイクアップをしていました。アイデアマンで、お客さんに当時は珍しいネイルアートのようなことをしてあげたり、化粧品店祭りを企画して楽しんでもらったりしていました。静かな父とは対照的で、明るくて社交的。カラオケに行くと、前に出ておどけて踊ってみせるような人でした。

また、努力家でもありました。家事と仕事がありながら着物の着付けを勉強し、よく家の柱に帯を巻きつけて結び方の練習をしていました。私の成人式では、母がメイクと着付けをしてくれました。

アナウンサーの夢を一番応援してくれたのも母です。私が「大きくなったらアナウンサーになりたい」と口にするたび、母は「あなたならなれる。あなたはいつも、とっさに出る一言が面白いから」と言ってくれていました。

私が小学生の時、大人向けの話し方教室に参加させてやってほしいと母が交渉し、実現。娘の夢のためならと一生懸命動いてくれた母のおかげで、アナウンサーの夢に近づけた気がしました。

さらに、大学時代には、地元の福井テレビで、ヨーロッパ旅行を伝える学生リポーターの募集があり、東京にいる私に代わって母が応募。私にとって初めてのテレビでのお仕事になりました。

姉は1歳違いの年子。

小さい頃から、同じ服を着て、同じ習い事をして、同じ遊びをして、まるで双子のように育ってきました。

姉は器用で万能。ピアノも書道も手芸もスポーツも、私より上手でした。姉に追いつけ追い越せと必死になる中で、私の負けず嫌いな性格は培われました。小さい頃はけんかもよくしましたが、なんでも相談できる存在でした。

一番の思い出は、大学生の時に、ひと月ほど姉の家に居候をしたこと。父が余命宣告をされた後で、二人で父の話をたくさんしたり、父のセーターを一緒に編んだりしました。

今は関東で小学校の先生をしており、4人の子どもがいるパワフルお母さんです。

姉（右）と私（左・5歳ごろ）

祖母は自宅でクリーニング店をしていました。

仕事をしながらもよく遊んでくれて、一緒にトランプや花札をするのが大好きでした。

小さい頃、夜は決まって祖母の布団に入り、背中をかいてもらっていました。そうすると安心して眠れたからです。大学進学の費用を助けてくれたり、成人式の着物を用意してくれたりと、いつも支えてくれました。

女性の多い家で、時には嫁姑問題が勃発したり、思春期の娘たちに気を遣ったりで、父は肩身が狭かったかもしれません。それでも常に言いたいことが言い合える家族関係だったと思います。両親に「生まれた時からずっと反抗期」と言われていた私でしたが、何不自由なく育ててもらったと感謝しています。

馬場家（後列左が私・17歳ごろ）

ドタバタ column01

一日だけの「馬場署長」！

2018年に広島市東消防署で一日消防署長を、2020年に広島東警察署で一日警察署長を務めました。

一日署長ってアイドルがするものだと思っていたので照れ臭かったですが、貴重な経験でした。

<一日警察署長>なんと、本物の女性警察官と同じ制服を着用！警察署でのさまざまな訓練を見学し、今までひとくくりにイメージしていた「警察官」ではなく、警察官一人一人の顔が見え、親近感と尊敬、感謝の気持ちが増しました

<一日消防署長>こちらは、本当に署長しか着られない制服！消防署の皆さんと接して印象深かったのは、礼儀作法がしっかりされていること。命を懸けた仕事だからこそ、規律を守り、行動を乱さないことが大事だと知りました

2章

就職活動～新人時代

1 就職活動

時は1996年、就職氷河期。

「アナウンサーになれるなら、どこへだって行く！」

大学3年生だった私の就職活動は、全国のテレビ局へ書類（今のエントリーシート）を提出することから始まりました。

しかし、憧れていた東京のテレビ局は書類審査で全滅。そして、大阪も、名古屋もやはり書類で落選。

子どもの頃から「アナウンサーになるために生まれてきた」と思い込んでいた私にとって、会ってすらもらえない現実はあまりにも厳しいものでした。

同じくアナウンサーを志望する大学の同級生達は、なんなく書類審査を通過し、いくつも面接を受けているのだろうと思うと、辛くて辛くて、誰とも話したくないし、会いたくない。ショックすぎて、1週間は布団から出ることができませんでした。

ただ、落ち込んでもお腹は空くもの。炊き込みご飯の素を使って炊飯器いっぱいに炊き込みご飯を作り、布団の中でそれだけを食べ続けました。今でも炊き込みご飯の素を見ると、ちょっと切ない気持ちになります。

今思えば、私の書類審査の敗因は、聞かれたことに素直に答えられていなかったこと。例えば「大学時代、打ち込んだことはなんですか？」との質問に対し、私は「大学時代は○○に打ち込みました。そして、高校時代、私は放送コンテストで最優秀賞に輝き…」

広島テレビの書類選考で使用した写真

というように、聞かれたこととは別の答えをしてしまっていました。アナウンスが得意なことをアピールしたい、それが自分の一番の強みだと思い上がっていたのです。これでは通るはずがありませんよね。書類も面接と同じ、読む人とのコミュニケーションが大事だということに気づいていませんでした。

その後、思い切って、書類をすべて書き変え、証明写真も撮り直しました。そして初めて書類審査を通過したのが広島テレビだったのです。

2 広島テレビとの縁

福井出身なのに、なぜ広島テレビのアナウンサーになったのか。それは、最初に内定をもらった会社だったからです。

ことごとく落選し続けた書類を全て書き変え、初めて面接にたどりついたのが広島テレビでした。それはまさに、暗闇に差し込んだ一筋の光！　面接をしてもらえるだけでうれしく、のびのびと挑むことができたのかもしれません。

当時の広島テレビのアナウンサー試験は、集団面接を通過した男女20名ほどが最終審査に参加。3日間の日程で、スタジオでのカメラテスト、ニュース原稿読み、広島駅前でのリポート、受験者同士のインタビュー、ディベートと、盛りだくさんの内容でした。

広島駅前でのリポートは特によく覚えています。「おりづる大会ひろしま」という身体障害者のスポーツ大会が近々広島で開かれるという案内を目にし、私はそのチラシを持ってリポートをしました。駅の点字ブロックやスピーカーの位置などに注目し、広島駅が障害のある方に対して、どんな配慮をしているのかを伝えました。内容はシンプルでしたが、入社後、先輩に「チラシを持って話す姿から、伝えたいという思いが伝わってきた」と言われました。また、受験者同士のインタビューでは、福井弁を披露し、印象に残ったのかもしれません。

実は、この広島テレビの試験と同じ日に別のテレビ局の試験が重なり、受験者の中には、両方受験するため、途中から参加する人も多くいました。

しかし私は、一つに絞ってじっくりと見てもらう方が自分には合っていると思い、広島テレビの試験に専念しました。そういう意味では、広島テレビに入りたい！　という思いが、他の人より強かったのかもしれません。

また、故郷・福井県のテレビ局は、この年、たまたまアナウンサーの募集がありませんでした。広島テレビとはよほどの縁があったのでしょうね。

広島テレビの入社式（後列右端が私）

こうして、1997年4月1日、私は広島テレビに入社。子どもの頃からのアナウンサーの夢が、ついに叶った瞬間でした。

3 広島の印象

広島の第一印象は「都会!」。紙屋町や八丁堀のデパート群からそう思いました。福井育ちの私からすれば、広島市内中心部は、東京と変わらないくらいキラキラしていました。

実は、広島には就職活動をするまで一度も来たことがありませんでした。高校の修学旅行も、広島を通り過ぎ、長崎へ。中国地方はそれまで遠い存在だったのです。

入社して、先輩達からよく言われたのが、広島はアナウンサーにとって色々な仕事ができて、特にやりがいを感じられる街だということです。中四国地方の中心であり、平和都市としての発信もできる。プロ野球チームもプロサッカーチームもあり、スポーツの仕事も多い。地方局で、これだけ多種多様な放送に携われるのは、広島ならではです。

また、東京、大阪、名古屋などの大きなテレビ局は、タレントの出演が多いので、アナウンサーの役割は意外と限られることがあります。タレントがやってもおかしくない仕事を、広島ではアナウンサーができるのです。

幅広い経験が積める広島でアナウンサーになれたことは、私の誇りになりました。

4 新人研修

1997年、広島での新生活が始まりました。

入社してすぐ父が亡くなったため心細さはありましたが、それ以上に、夢だったアナウンサーの仕事ができる喜びを感じていました。知り合いが一人もいなくても、故郷・福井に帰りたいとは思いませんでした。

私には同期が6人おり、そのうちの一人は長島清隆《ながしまきよたか》アナウンサーでした。私達は、広島テレビに入社する1か月以上前から広島に住み、アナウンス研修をスタートさせました。週5日、朝10時から夕方6時まで、4畳くらいの部屋で、当時アナウンス部長だった加藤進《かとうすすむ》アナウンサーに、発声や滑舌、アクセントなどの基礎を習いました。一日中、小さな部屋にこもり、ただひたすらアナウンスだけを練習し続けた日々……今となっては懐かしいです。

私の故郷・福井県の、特に私が生まれ育った地域は「無アクセント地帯」と言われ、抑揚のない平板なしゃべり方が特徴です。そのため、私はアクセントがとにかく苦手。文章を読むと、いくつもいくつもアクセントの間違いが見つかって、何度も訂正されました。『箸』や『橋』、『端』といった単語そのもののアクセントもそうですが、私が苦労したのは、その単語の後に続く助詞が上がるのか、それとも下がるのかが分からないこと。アクセント辞典にはそれも細かく載っているので、私は常に手放せませんでした。

ただ、人の姓や地名のアクセントなどは、辞典にもないため見当がつきません。そんな時はいつも、同期の長島アナウンサー（千葉出身）に聞いていました。

今は調べなくても大体分かるようになりましたが、アクセントはやっぱり不得意です。

5 ニュースデビュー

アナウンサーとしての本格的なデビューは、入社から約1カ月半後。お昼のニュースだった気もするし、夜のミニ天気番組だった気もします。正直、あまり覚えていないのは、滞りなく放送できたということでしょうか⁉

ないこと。

ニュースの生放送で一番怖いのは、読み間違いと、時間内にニュースが入ら読み間違いに関しては、下読み（練習読み）の段階で、分からない漢字を調べたり、地名を確認したりして防ぎます。今でこそ、インターネットでなんでも調べられますが、入社当時は一苦労。漢和辞典と地名辞典、さらにはアクセント辞典が必需品でした。

時間内に読むためには、練習で全体の時間を測り、オーバーしそうであれば、遠慮することなくニュースデスク（責任者）に申告し、原稿を短くしてもらいます。

そして、スタジオに入り、本番と同じように、時間を測りながら声を映像にのせるリハーサルを行います。ここで読みや字幕の間違いを最終チェックし、本番に臨みます。

それでも、何が起きるか分からないのが生放送。一つでも読み間違えて言い直すなどすると、時間を1、2秒ロスすることになり、気持ちが焦ります。その焦りがまた新たな読み間違いを引き起こす、なんてことも。そのため、必ずしていたのは、最後の1行と2行は、あと何秒残っていれば確実に読めるかを前もって把握しておくこと。さらに、それでも時間内に入らなそうになった時の奥の手として、最悪削っても意味が変わらない言葉を、自分の中だけで見つけておくようにしていました。記者が書き、デスクがチェックした原稿をアナウンサーが勝手に変えるのは、本来、望ましくないことですが、放送が始まってしまえば一人、野に放たれたようなもの。誰も頼れないからです。最後は自分次第。自分を守れるのは自分……アナウンサーの仕事を通して学んだことです。

6 先輩

私が広島テレビに入社した時、アナウンサーの先輩は12人いました。

当時は、ご飯やカラオケによく連れて行ってもらいました。先輩達といて感じたのは、皆さんとにかくよくしゃべる（！）ということ。アナウンス部の飲み会では、全員、声は大きいし滑舌もいいので、内緒話ができませんでした（笑）。先輩方の会話はウィットに富んでいて、リズミカルに続くラリーのよう。元々、聞き役タイプの私は、しゃべりのプロ達の会話になかなか割って入れず、いつも「皆さんはどんどん話題が出てきてすごいな。私もいつかこんな風に話せるようになるのかな」と羨望の眼差しで見ていました。そのような、放送以外のコミュニケーションの中で、先輩達の話術を吸収していった気がします。

また、当時は、私の一つ上にも二つ上にも女性アナウンサーがいました。お二人は先輩ですが、私にとってはライバルのような存在。どんな仕事も取られたくないと思っていました。だからといって、関係が悪くなるわけではなく、あくまで健全なライバル心です。

今は毎年新しいアナウンサーが入ってくる時代ではないので、あのような気持ちは生まれにくいかもしれません。最も吸収力のある若い時期に「負けたくない」という緊張感の中で仕事ができたことは、とても恵まれた環境だったと感じています。

7 初めてのレギュラー番組

実は、私にとって初めてのレギュラー番組は、入社7カ月目で半年間だけ出演した『こちらマル〇生活研究所』。話題の商品や人気スポットなどを紹介する、週に一度の生放送でした。

番組の冒頭、5名の出演者が自己紹介をするのですが、その日のテーマにそって自由に一言付け加えるのが恒例になっていました。私はこの時に、自分が言ったことにカメラマンさんがクスッと笑ってくれるのがうれしくて、いつもどうすれば笑ってくれるか考えるのが楽しかったです。『ババっと天気』なんていう天気コーナーも担当したな～。

この番組で忘れられないのが、東京ディズニーランドの取材。私にとって初めての本格的なロケでした。行く前に何を準備していいか分からず、それを誰かに尋ねることすら思いつかない。ロケの前日には、しびれを切らしたディレクターに、なぜ何も聞いてこないのかと叱られました。

今考えると、随分コミュニケーション下手な新人だったと思います。現地では、台本にあったコメントを何も見ずに言わなければならないシーンがあり、「これは覚えてこなければならなかったんだ」とその場で気づき動揺しました。ミッキーマウスとの出会いのシーンでは、奇をてらってミッキーマウスの肩を揉もうとし、ミッキーマウスは肩は凝らないとスタッフに止められる一幕も。

本当にやることなすこと裏目に出て、落ち込みました。2日目になってようやく自分のすべきことが分かり、結果的には楽しい仕事になりましたが、自分のいたらなさに気づかされる初ロケでした。

8 トラウマのステージ

新人時代の苦い思い出といえば24時間テレビ。その年、竹原バンブージョイハイランドに特設ステージが組まれ、私は先輩方と一緒に立つことになりました。

当時、24時間テレビのステージは、生放送以外の時間も、会場のお客さんに向けたステージ企画が繰り広げられていました。私達アナウンサーは、その企

私（右）の初めてのレギュラー番組『こちらマル○生活研究所』

画の前後にステージに上がり、フリートークで盛り上げます。テレビカメラの前で原稿を読む機会は増えていましたが、大勢のお客さんの前で話をするのは初めて。私は不安と緊張で押しつぶされそうでした。とはいえ、フリートークの時間は、新人の顔を売るチャンスです。

先輩は私のことを覚えてもらおうと、こんな質問を投げかけました。

「馬場さんは福井の出身ですが、野球はどこのファンでしたか？」

私は無邪気にこう答えました。

「大学時代、周りの友達が皆巨人ファンだったので、私も一緒に応援していました！」シーン……。

あの時の会場の雰囲気は今でも忘れません。波が引くように、お客さんの心がサーッと離れていくのを感じました。正直に言うと、広島に来るまで、ファンというほどのチームはありませんでした。しかし、アナウンサーとして、ただ「ありません」と言うのは味気ない。そんな理由で発した一言だったのですが……、広島では冗談でも、巨人を応援するようなことを言ってはいけないと強く思いました。しかも、この時、客席の最前列には2人の酔っ払いがいて、「ふざけるな～！」と、かんかん。先輩はすかさず「では、広島の好きなところはどこですか？」と話題を変えました。私は「穏やかな瀬戸内海が好きで、よく見ては癒やされています」と返しました。酔っ払いは「広島といえば平和だろ！」と食ってかかります。先輩は続けます。

「瀬戸内海のどこに見に行くんですか？」

私…「浜田です」

先輩…「それ、日本海やないかーい」

これにはさすがに酔っ払いもあきれていました（笑）。

『日本テレビ開局45周年記念番組　24時間テレビ21「愛は地球を救う」いま、始めよう』（1998年／日本テレビ系放送）

今だから笑って話せますが、この経験はその後何年もトラウマに。ステージ恐怖症になりかけた出来事でした。

ドタバタ column 02

イベント司会

　テレビカメラの前で話すことが多い、テレビ局のアナウンサー。

　一方、お客さんを前にするイベントの司会は、客席の反応が直に分かります。

　最初は慣れず、リアクションが薄いと不安になっていました。

　今は、お客さんがうなずいてくれたり笑ってくれたりするのがうれしくて、逆にテンションが上がります！

島根ふるさとフェア(1998年)

女性アスリートトークショー
(2023年)

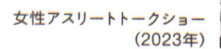

3章

「柏村武昭のテレビ宣言」時代

1 まさかの大抜擢

入社1年目の冬、私は当時の夕方ワイド番組『柏村武昭《かしむらたけあき》のテレビ宣言』のアシスタントに抜擢されました。

最初は週1日の出演でしたが、その後、前任者の退社に伴い、週4日へ。ついこの前まで学生だった普通の女の子が、いきなり看板番組でメインキャスターの隣に座るのです。

先日、当時の番組の上司に、なぜ私だったのかを聞くと、意外な答えが返ってきました。

「柏村さんが〝昨日の夜、何を食べたの？〟ってあなたに聞いたことがあったの覚えてる？　その時、あなたが〝アップルパイです〟って答えて、〝いやいや、昨日の夜ご飯よ?〞って聞き返したら〝夜ご飯がアップルパイです〞って言って、柏村さんがずっこけたんだよね。あの時、これは面白いかもってなったんよ」

私は全く覚えていませんが、何が功を奏するか分かりませんね。

ところで、私の『テレビ宣言』抜擢は、はたから聞くとシンデレラストーリーですが、私の心は複雑……いや、正直うれしくはありませんでした。

毎日2時間の生放送に出るということは、その分、他の仕事ができません。若いうちはさまざまな場所へ出かけて行って体当たりで取材したり、元気いっぱいに中継をしたりして鍛えられたいと思っていたのに、私はリポーターが外で取材してきたものをスタジオで見る側に。しかも、アナウンサーとしての経験も人生経験も浅いため、気の利いた感想が浮かびません。「コマーシャルのあとは○○です」しか発言できないこともありました。

2 柏村さんの隣の子

私は当時のプロデューサーに「あなたはブレーキになりなさい」と言われていました。メインキャスターの柏村武昭さんが、アクセルのごとく自由にしゃべり、ちょっと言いすぎ？　と思った時に「そういう考え方もありますね」とか「そうとられても仕方ありませんね」などと、隣で和らげるのです。何が言いすぎかも分からない無知な私に、その役割は重く、残念ながらやりがいを感じるまでに至りませんでした。

一方で、人気者の柏村さんとの共演は、広島の皆さんに顔を覚えてもらう絶好のポジションでもありました。町でも「あっ、あなた、柏村さんの隣の…！」と声をかけられるように。特に言われたのが「福井の子じゃったよね」でした。

柏村さんが、番組でよく「この子は福井から来たんですよ」と話していたからです。

実は私、最初は、福井出身であることをテレビで言われるのがあまりうれしくありませんでした。地元出身のアナウンサーの方が、視聴者に好かれると思っていたからです。それでも、柏村さんがどんどん福井の話題を振ってこられるので、隠しようがありませんでした（笑）。そのおかげで、「福井出身」が個性になり、覚えていただくきっかけになりました。そして、だんだん「馬場さん言うたね」と、名前も呼んでもらえるようになりました。毎日ただ座っているだけと悲観していた私を、視聴者の皆さんは温かく受け入れてくれたのです。

『柏村武昭のテレビ宣言』アシスタントに抜擢（1997〜2001年放送）

3 柏村さんの思い出

柏村武昭さんといえば、視聴者への「僕と会話のキャッチボールをしましょう」という言葉が思い出されます。柏村さんは視聴者の方から頂くファックス（当時はまだメールがありませんでした）をとても重視していて、その内容に対し、テレビを通してストレートに自分の意見を返します。すると、ファックスの主が、柏村さんの言葉を受けてまたファックスを送ってくださり、今度はそのやりとりを聞いて、別の視聴者が会話に参加。まさにキャッチボールのように続いていきました。

批判を恐れない柏村さんの本音トークは、時にアクセルの踏みすぎととられることもありましたが、「柏村さんに言いたい！」「柏村さんだから聞きたい！」というファンの存在を強く感じました。

実は私、そんな柏村さんと食事の席でご一緒し、大泣きしたことがあります。アシスタントになって間もない頃のこと。「君は僕が面白いことを言っても、〝それは○○なところが面白いですね〟と解説者みたいな反応をするから、かえって面白くなくなる。ただ素直に笑えばいいんだよ！」と、柏村さんに言われました。ありがたいアドバイスですが、当時は「ずっと不満を持たれていたんだ」と大ショック。いつまでも泣き止むことができませんでした。

大ベテランの柏村さん（写真左）の隣で緊張の日々

その夜、福井に住む母に電話をすると、「明日柏村さんに会ったら、必ず自分からあいさつをして、〝昨日はありがとうございました。がんばります！〟と言うのよ。柏村さんも、きっと気まずく思っているから」と、諭されました。

この時の母の教えは今も私のルールになっていて、誰かと言い合ったりした翌日は、必ず自分から声をかけるようにしています。

4 無銭飲食

「柏村さんは当時怖かったですか？」と聞かれることがあります。私は「柏村さんが怖いというより、柏村さんのおっしゃることが、私に理解できるか自信がなく怖かった」と答えます。若かった上に、とんでもなく無知だった私。忘れられないのが、「無銭飲食」事件です。

ある日、番組の中で、柏村さんが「無銭飲食してしまえ〜」みたいな冗談を言ったことがありました。お恥ずかしいことに私は「無銭飲食」の意味が分からず、ただ笑ってその場をしのぎました。

後日、テレビ宣言のリポーターだった大先輩のヤスベェ（大谷泰彦《おおたにやすひこ》）さんから、

「馬場さん、あれはいけないよ。無銭飲食はダメですよ、ってあそこで言うのが馬場さんの役目でしょ」と注意されました。「無銭飲食」の意味が分からなかったとは、とても言えませんでした。

他にも、柏村さんはよく私の知らない昔の話や、広島ローカルの話題を出されることがありました。思い出すのが「楽しいロンドン、愉快なロンドン」。なんのことやら全く分からずキョトンとしてしまいましたが、昔のCMのうたい文句だったことを後で知りました。横井庄一《よこいしょういち》さんの「恥ずかしながら帰って参りました」も、柏村さんから教わりました。毎日、今日は何をおっしゃるのか、ドキドキしていたのが懐かしいです。

5 千枚漬け

「千枚漬け」……皆さん、この漢字、なんと読みますか？　実は私、テレビ宣言時代に、これを読み間違えてしまいました。さあ、なんと読んだでしょうか？　正解は……よんまいづけ。いや、正解っていうのはおかしいか……（笑）。

まだ手書きの原稿が多かった時代。ディレクターの書いた「千」が一筆書きみたいにつながっていて、私には「4」に見えたのです。……はい、それでもなかなか間違えませんよね。新人時代とはいえ、お恥ずかしいことです。

「よんまいづけ」には、隣に座っていた柏村さんも大爆笑。私は若かったので、恥ずかしさより、大変な間違いをしてしまったと落ち込みました。コマーシャルに入ってもクヨクヨしている私に、柏村さんはこうおっしゃいました。「間違えるのは大したことじゃない。大事なのは間違えた後、どんな態度をとるかだよ」と。間違えたのに間違えていないふりをしたり、変に取り繕ったり、他人のせいにしたりすることがいけないとの教えでした。人は、失敗するなど窮地に立たされた時こそ、人間性が出ますよね。

私の鉄則は、とにかくすぐ謝る！　あっ、もちろんノーミスを目指した上でですよ。誤解なきように。

6 難読漢字

「よんまいづけ」ついでに、漢字の話題を続けます。

生放送で私が怖かったものの一つに、「漢字」があります。前もって渡される原稿は、読み方を調べておけますが、視聴者の方から放送中にいただくメール・FAXはそれができません。今だから白状しますが、新人の時「清々しい」が読めませんでした。どうしても分からず、とっさに「爽やかな」と言いかえて紹介してしまいました。あの時メッセージをくださった方、申し訳ありませんでした！

実は私、高校時代に勉強しなかったせいか、漢字が大の苦手でした。学生時代から自覚はあって、アナウンサーになる前に漢字検定を受けるなどしましたが、克服するのに時間がかかりました。日本テレビ系列の新人アナウンサー研修では、漢字テストでブービー賞。漢和辞典をプレゼントされてしまいました。

今でも、原稿などを初見で読む時は、読めない漢字はないかとハラハラします。特にメールは、難しい漢字も簡単に変換されてしまうため、アナウンサー泣かせなんです。

みなさん、天気にまつわるこの漢字、読めますか？

「霙」「霰」「雹」。

正解は「みぞれ」「あられ」「ひょう」です。知ると面白い漢字ですが、難しいですよね〜。どうぞ、番組へのメールは、やさしい漢字でお願いします。

7 スポーツ番組でアクセル

柏村さんから多くのことを学び、少しずつ自分の役割に慣れていったものの、テレビ宣言はやはり柏村さんの番組。アシスタントになって3年が経っても、私にアクセルを踏むことはあまり求められず、本当の意味でのやりがいを感じることができませんでした。

そんな中、私がぜひやらせてほしいと志願したのが、スポーツ番組の仕事です。スポーツが盛んな広島に来たからには、アナウンサーとして携わってみたいと思っていました。3年ほどではありましたが、スポーツ番組『進め！スポーツ元気丸』に出演し、アマチュアスポーツコーナーを担当。さまざまなスポーツに打ち込む選手を取材し、毎回、すてきだな〜と取材相手にときめいていました。そして、将来子どもが生まれたら、このスポーツをさせたいなと思うくらい、競技自体の面白さにも惹かれました。

また、小学生のバレーボール大会では、実況にも挑戦させていただきました。テレビ宣言でのブレーキ役とは違い、スポーツ番組でアクセルを踏む役割を経験できることが、私にとって大きな喜びでした。

8 柏村さんのおかげ？

スポーツ番組に携わり、少し前向きになった私でしたが、他局の同世代のアナウンサーと比べると、いつも同じ環境で成長できていない自分に焦りが募りました。そして、私はついにテレビ宣言を降板したいと上司に申し出ました。今思えば、実力の無さを棚に上げ、自分の恵まれた立場にも気づかない大それた行動でしたが、私は真剣でした。状況が変わらないのであれば、東京でフリーアナウンサーになって、自ら厳しい環境に身を置きたいとも考えていました。

その後、上司から「あなたを今年度いっぱいで、テレビ宣言から外すつもりだ」と告げられます。人気番組を離れる寂しさはありましたが、これからは泥まみれになるような仕事でもなんでもするぞと、覚悟を決めました。

しかし、ほどなくして、不測の事態が起こります。柏村さんが参議院選挙に出馬することになったのです。広島テレビにとっての一大事です。

柏村さんが降板し、アシスタントの私まで変わったら、それこそテレビ宣言でなくなってしまう……と全てが白紙に。私はギリギリのところで、夕方ワイド番組にとどまることになったのでした。

あの時、もし柏村さんが選挙に出ていなかったら、今頃、私はどうなっていたのでしょうか。とっくにアナウンサーじゃなかったかもしれませんね。柏村さん、ありがとうございます。

『柏村武昭のテレビ宣言』のポスター

ドタバタ column 03

テレビCM

番組のPRやキャンペーンなどでテレビCMに出演したことも。
色々な役になりきりました！

❶着物姿で撮影した3Rキャンペーン
❷シェフになって広テレアプリを宣伝
❸ラグビー日本代表のジャージを着てワールドカップのPR
❹ホテルのマネージャーに扮した「テレビ派」広告
❺クロマキーをバックに撮影した「広テレ！サンプル百貨店」のCM

4章

影響を受けた人たち

1 テレビ宣言にゅ〜

2001年4月、『柏村武昭のテレビ宣言』は『テレビ宣言にゅ〜』となって、新たなスタートを切りました。メインキャスターは、入社13年目の児玉勝司《こだまかつし》さん。私は5年目になっていました。

児玉さんは気配り上手で、後輩の私に対しても見下すことなく、むしろ柏村イズムを知る者として頼りにしてくれました。自分の意見を言った後に逆の意見もあることを付け加えるなど、アクセルとブレーキを自分で制御するタイプでした。

柏村さんの隣ではブレーキ役だった私ですが、児玉さんの隣ではそれが必要なくなったことに気がつきました。それなら、私の役割はなんだろう……。考え、行き着いた答えは、劣等生役でした。

私は高校時代、赤点・再テストの常連でした。無知で勘も鈍い。しかし、きっとテレビの前にも私みたいな人はいるはず。私は「劣等生の代表になろう！」と思いました。

児玉勝司アナウンサーとの『テレビ宣言にゅ〜』(2001〜2005年放送)

それからは、仕事がとてもやりやすくなりました。分からないことは分からないと素直に言えばいい（もちろん、分かろうと努力することは必要ですが……）。何より、ありのままの自分を出せばいいのです。

同じ仕事に見えても、相手が変わると役割が変わるものですね。状況に合わせて自分が柔軟に変わっていく大切さを学びました。

2 目標とした先輩

柏村さんや児玉さん以外にも、私のアナウンサーとしての価値観に影響を与えた方がいます。

私が一番目標にしたのは、広島テレビアナウンス部で、8年先輩だった田坂《たさか》るりさんでした。スポーツ情報番組『進め！スポーツ元気丸』のキャスターとして、カープを熱血取材。当時、女性アナウンサーがプロ野球の取材をするのは大変にまれで、先駆け的な存在でした。

全国放送の『ズームイン!! 朝！』に

田坂るり先輩（写真右）と私（写真左）

も広島の顔として出演し、8月6日には入市被爆した父親のエピソードを交え、ヒロシマの願いを自らの言葉で伝えました。

そして、私が何より憧れたのは、「田坂さんらしいしゃべり」。彼女ならではの言葉選びと表現力は、いつも伝えるものへの強い〝想い〟が感じられました。

田坂さんは、2008年に広島テレビを卒業しましたが、その後も私の指針であり続けました。仕事で迷った時は「田坂さんならどうしただろう。どんなコメントをしただろう」と思い出していましたし、悩みを相談しに行ったこともありました。

私が40代半ばのころだったでしょうか。「いつまでテレビに出続けるのか。若いアナウンサーのチャンスを奪わないで」という視聴者の声が耳に入りました。傷つき、田坂さんに会いに行くと、「それだけ長くやっているんだから、誰であっても、そう言われない人はいない」と慰めてくれました。少しホッとしました。

もし、田坂さんと出会っていなかったら、私は全く違うタイプのアナウンサーになっていたと思います。それくらい、大きな存在でした。

3 りきまず　きどらず　自然体

私のモットーは「りきまず　きどらず　自然体」です。テレビに出ているとどうしても、よく見られたい、かっこいい発言がしたいと思ってしまいます。アナウンサーの仕事は、いつもそんな欲との戦い（笑）。だからこそ、この言葉を思い出し、自分の言動を力んでいないか、きどっていないか、自然体か、客観的に見つめ直すようにしています。

テレビで自然体は、本当に難しいです。普段していることも、見られていると思うと、どうやっていたか分からなくなります。よくある試食のシーンなどはその典型で、味をどう表現するかに気をとられて、「いただきます」を言い忘れたり、とんでもない大きさのものを一口で入れちゃったりなんてことも。永遠の課題ですね～。

お礼状に載せた直筆のモットー

この言葉を教えてくれたのは、広島テレビの先輩アナウンサーだった、故・脇田《わきた》義信《よしのぶ》さんです。『ズームイン!!朝!』の『プロ野球いれコミ情報』では、熱狂的なカープファンアナウンサーとして注目されました。そんな脇田さんからは「言葉は人なり」という哲学も譲り受けました。魅力的な言葉を発するには、その人自身が魅力的でなくてはならない……素の自分を磨く大切さに気づかされました。

さらに、広島テレビアナウンス部に代々伝わる教えといえば「平生往生《へいぜいおうじょう》」。日頃の行いがテレビにも出るという意味で使われ、普段の生活からカメラを向けられても大丈夫な言動をしなさいと言われていました。後輩達にも受け継いでもらいたい言葉です。

4 世良洋子さん

実は、他局のアナウンサーにも教えを請うたことがあります。元RCCアナウンサーの世良洋子《せらようこ》さんです。

30代の時、世良さんの講演を聴く機会がありました。会場には、世良さんがパーソナリティを務めるラジオ番組のリスナーが多く駆けつけ、世良さんの一言一言に大盛り上がり。90分間の講演は、最初から最後まで爆笑の渦でした。何より印象的だったのは、世良さんがとにかく楽しそうだったこと。あんな風に、聴く人はもちろん、しゃべる自分も90分間を楽しめるアナウンサーになりたいと強く思いました。

ちょうどその頃、私は自分の講演会に課題を感じていたので、ツテを辿って世良さんとアポイントを取り、勇気を出してRCCへ話を聞きに行きました。「私に何が聞きたいの?」と驚かれましたが、世良さんのような講演がしたいと話すと、原稿など何も持たずに臨むよう勧められました。

当時の私は、90分の講演であれば、90分ぶんの原稿を一字一句用意していました。途中で話すことを忘れたり、最後まで話が続かなくなったりするのが怖かったからです。「原稿なしでなんて無理です」と不安を口にすると、「大丈夫!絶対しゃべれるから! せめて話のおおまかな順番だけを3、4行のメモにしなさい」とアドバイスされました。

小さなメモだけ持って挑んだ次の講演。驚きました。世良さんの言う通り、私、しゃべれるではないですか！　むしろ、原稿がないことで、講演中に次から次へと話題が思い浮かび、聴衆の反応に合わせて自由に話を展開できるから楽しい！　世良さんのおかげで、講演が好きになりました。

5 始まりが半分

アナウンサーではありませんが、かつて、その美しさに影響を受けた人がいます。韓国の女優、ファン・シネさんです。

20年ほど前、この方をテレビで見て一目惚れ。当時42歳にして20代にも劣らない若さと美しさを維持する秘密を知りたくて、人生で初めて写真集を買いました。その中で彼女は、15年以上毎日運動を続けた結果、今のスタイルがあると明かし、「始まりが半分」という韓国のことわざを紹介していました。何事も始めれば、半分達成したようなものだという意味です。彼女も運動を始めた日があるからこそ今がある。どうせ自分は続かないとやる前から諦めるのではなく、まず始めてみることを勧めていました。

私は深い感銘を受けました。「始めるだけで半分達成しちゃうなんて、すごい！よし、とりあえず始めよう！」と。単純でしょうか？（笑）

そして、私がまず始めたこと。それは、当時認定試験があった「ひろしま通」の試験勉強でした。

福井県出身の私は、広島歴が浅いことにコンプレックスを抱いていました。広島のことをあまり知らないのに、毎日、広島の情報を伝える番組に出ていることに、おこがましさを感じていたのです。

もし、ひろしま通に合格したら、少しは自信が持てるかもしれない。

「始まりが半分」だからと、ひろしま通のテキストを購入しました。その内容は、文化、歴史、スポーツなど多岐にわたります。覚えられるのか不安になりましたが、やはり「始まりが半分」と、受験の申し込みをしました。こうなると、テキスト代と受験料を無駄にしたくないという気持ちが生まれてきます。当時、子育て真っ最中だったのですが、子どもが起きる前の1時間、寝た後の1時間を勉強時間にあてました。そして見事、ひろしま通に合格することができました。

「始まりが半分」で本当に達成できるんだ！ 味を占めた私は、新たな資格に挑みます。ファイナンシャルプランナー3級です。当時、テレビ宣言では、年金、保険、税金など、お金に関する話題を多く取り上げていました。しかし、私はお金に疎く、話についていけませんでした。お金の専門家であるファイナンシャルプランナーに合格すれば、もっと話に参加できるかもしれない。そう思い、書店でファイナンシャルプランナー3

級のテキストを手にとりました。しかし、なんということでしょう。1行目から分からない言葉がある……。

ひろしま通とは訳が違うと、諦めかけましたが、いやいや「始まりが半分」。読まないかもしれないけれど、テキストと過去問題集を買うだけ買うことにしました。

そしてやはり、行かないかもしれないけれど、受験の申し込みだけはすることにしました。気づけば、ひろしま通以上の出費。またまたもったいなくなって、少しずつテキストを読み進めました。

皆さん、知っていますか？

どんなにちんぷんかんぷんの本も、5回読むと、なんとなく分かってくるんですよ（笑）。私がそうでした。

3回目あたりから少しだけ読みやすくなって、5回目には理解している自分がいました。騙されたと思ってやってみてください。ファイナンシャルプランナーの勉強は、朝と夜に加え、土日は夫に子どもの面倒をみてもらって、集中して行いました。高校時代もこれくらい勉強していたらよかったのですが……。

そして、こちらも、晴れて合格することができました。

とりあえず始めたことで、私は2つの資格を手にしたのです。

以来、「始まりが半分」は私のポリシーです。

実をいうと、あんなに勉強したのに、今ではすっかり忘れてしまい、お金にも再び疎くなってしまいました。それでも、「本気でがんばればなんだってできるんだ!」という自信がつきました。

今、私は3年前から始めた韓国語の勉強を続けています。
皆さんも、まずは始めてみてはいかがでしょうか。

ドタバタ column 04

特別番組

　レギュラー番組以外にも、スポーツ、バラエティ、選挙報道など、たくさんの特別番組を担当しました。

　夕方ワイドとは役割も雰囲気も違うため、また違った緊張感がありました。

❶❷「カープレジェンドゲーム」(2022年)
セレモニーの司会とベンチリポートを担当しました

❹「zero 選挙」(2022年)
宮脇靖知アナウンサーと参議院選挙広島選挙区の開票速報をお伝えしました

❸「ピッピと学ぶ　イキイキ長生き検定PART2」(2017年)
小野宏樹アナウンサーと学級委員に。ウン十年ぶりにセーラー服を着ました

5章

プライベートのはなし

ここからは、少しプライベートな話にお付き合いください。

1 結婚・出産

私は2003年に結婚。

夫は同じ広島テレビの同期でした。

広島生まれの広島育ち。

彼と交際したおかげで、私の広島弁の習得は早かったです。同じ会社なので私の仕事にも理解があり、自然と結婚を考えはじめましたが、夫と結婚するということは広島に骨を埋めること。

広島は好きですが、故郷・福井にいる母や、愛着のある実家を思うと、慎重にならざるを得ませんでした。

神前結婚式（2003年6月）

そんなある日、私は財布をなくしました。

夜遅くに気がつき、恋人だった夫に電話をしました。

「どうしよう。どこでなくしたか分からない」と動揺する私に、「今日行った場所を思い出してみて！」と夫。

その日、三原で取材をしたことを告げると、「自分が運転するから、今から三原に行ってみよう」と言われました。

こんな時間から行けば、帰ってくるのは夜中になります。

「でも気になって眠れないでしょ」ということで、夫の車で三原に向かいました。

三原港などを周り探したものの、結局、財布は見つからず。真夜中に三原のコンビニエンスストアでおでんを買い、二人で食べました。

その時、思いました。

「ここまで私のためにしてくれる人は、きっともう現れないな～」

私が結婚を決意した瞬間でした。


その後、2004年に長女、2007年に長男、2011年には次男を出産。

私は〝ママウンサー〟となったのです。

2 子ども達のこと

せっかくなので、子ども達についても紹介します。

去年20歳になった長女は、小さい頃から暇さえあれば絵を描いている子でした。今は、美術関係の仕事に就きたいと、東京の大学で学んでいます。

忘れられないのは2歳の時、保育園に行く前に、プーさんの人形をまるで空を見上げるように窓際に置いた娘。「おつきさまがでたらみえるでしょ」と、朝のうちから夜空を想像していました。お月様を見せてあげたいという優しい心と先を読む力に感動しました。

長男は、数学と歌が好きな高校2年生です。

小さい頃は言い間違いの天才で、「ぎっくり腰」を「びっくり星」、「くちびる」を「ちくびる」、「とうかさん」を「かとうさん」と言って笑わせてくれました。

さらに、人懐っこさは天下一品。3歳半検診の時、保健師さんに聞かれてもいないのに、「ぼくね、おじいちゃんとね、だんごむしをつかま

長女（2004年7月生まれ）。想像力豊かな子でした

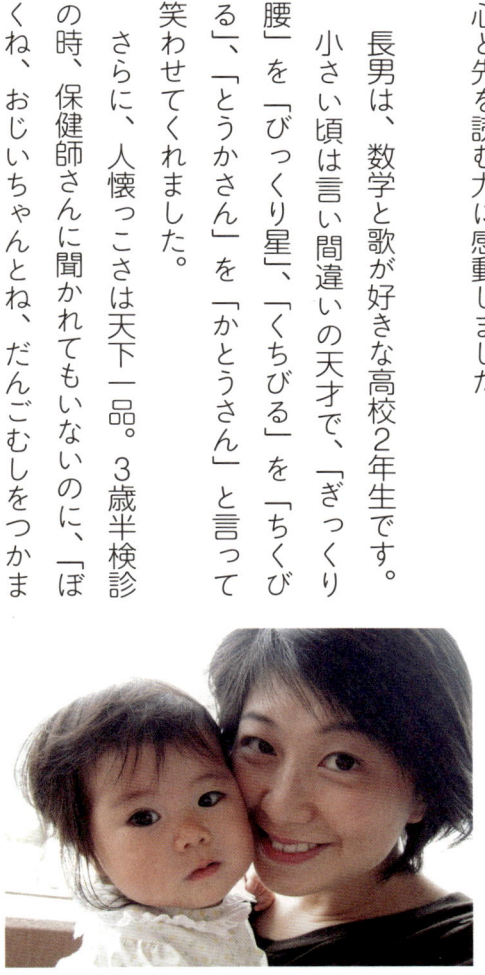

えてね、それをね…（以下、長すぎて省略）」と熱弁し、「この子は本当によくお話しされますね」とびっくりされました。

中学1年生の次男は、末っ子ですが、よく気がつく、しっかり者。

年長から小学6年生までサッカーを続け、試合に出られなくても「下手なまま終わりたくない」と、粘り強く取り組みました。中学校では卓球と出合い、卓球に恋してる？　というくらい夢中です。小さい頃からおばあちゃん子で、買い物もおばあちゃんと行きたがるし、何日もおばあちゃんの家に泊まって帰ってこないことも。

長男（2007年11月生まれ）。いつもニコニコ笑顔でした

私はこれまで3度の育児休暇を取得しました。

仕事では出会うことのなかった同世代のママ達との交流もありましたし、次男の育休の際は、小学1年生の長女が学校から帰ってくるのを家で迎えることもできました。

暑い中、顔をほてらせながら「ただいま!」と帰ってきて、赤ちゃんに駆け寄る姿を見るのが幸せでした。

人生において、かけがえのない時間だったと思っています。

次男(2011年8月生まれ)。心優しいおばあちゃん子

話を仕事に戻します。

3 育児休暇からの仕事復帰

初めての出産・育児休暇に入る際は、このまま夕方の生放送から永遠に卒業するかもしれないと覚悟しました。寂しいけれど、それはそれで仕方がない。アナウンサーを辞めるわけではないのだから、また会社に戻った時に別の番組で新たな経験を積めばいいと思うことにしました。

しかし、私は再び、夕方ワイドに戻ることになります。

『テレビ宣言にゅ〜』が『テレビ宣言』（〝にゅ〜〟がとれました）にリニューアルするということで、そのタイミングで復帰をしないかと打診されたのです。

育休は短くなるけれど、求められる時に戻るのが、自分も周りも幸せかもしれないと思い応じました。

1年ぶりの夕方の生放送。

アナウンサーであることを忘れるような育休を過ごしてきたため、以前のようにカメラの前でしゃべることができるのか、自分でも想像がつきませんでした。

それでも、不思議ですね。

メイクをして衣装をまとい、あの席に座ると、アナウンサーに戻っていく自分がいました。

もちろん心臓はバクバクで、言葉が咄嗟に出てこないブランクは感じましたが、それも少しずつ、感覚を取り戻していきました。

何よりもありがたかったのは、視聴者の皆さんが「おかえりなさい」とたく

育児休暇を経て再び夕方ワイドへ

テレビ宣言キャスター陣による新聞広告（2006年頃）

さんのメッセージをくれたこと。

どれほど心強かったことでしょう。

以降、私は結婚している女性、子どものいる母親という立場で、番組と向き合うようになります。

生活感のある話題を取り上げることの多い夕方ワイド。20代の頃の私は、想像を膨らませてコメントすることが多かったですが、ようやく実感を伴って意見が言えるようになりました。

新たなやりがいを感じはじめた30代でした。

4 子育てをしていると言える?

私が最初の子どもを授かった年は、広島テレビが『子育て応援団すこやか』というイベントをスタートさせた年でもありました。

なんというタイミング!

広島テレビが大々的に子育てを応援する中、テレビ宣言でも子育てや教育の話題が多くなり、私は当時のプロデューサーから母親の立場で話すことを求められました。

しかし、私の子育ては始まったばかり。

母親の代表のように話をするのは気が引けました。

それでも期待に応えたいと、私なりに言えることを探しながら放送に臨んでいました。

そんなある日、番組で少子化問題を取り上げたことがありました。

私はその中で、「私も仕事をしながら子育てをしているが、子どもが急に熱を出したり、自分も急な仕事が入ったり、どうしても突発的なことが起きるので、そんな時、いかに周囲の支えや理解が必要かを感じる」と発言しました。

すると、視聴者の方からこんなメールが届きました。

『「仕事をしながら子育てしている」と、えらそうに言わないで!

毎日8時間も保育園に預けて、子育てをしていると言えるのですか?』

ショックでした。

でも、ごもっともだと思いました。

平日は生放送があるので、保育園に子どもを迎えに行けるのは夜の8時。

夕食は保育園で食べさせてもらっていました。

家に着く頃は、もう9時近くになっており、してやれることと言えば、お風呂に入れて絵本を読みながら寝かせることぐらい。朝は朝で、ご飯を食べさせたら、私は保育園の準備と自分の身支度でいっぱいいっぱい。教育テレビ（今のEテレ）に随分お世話になりました。また、後で書きますが、当時の私はパーキンソン病の実母を自宅で介護しており、子どもとじっくり向き合えていなかったかもしれません。

夫、義父母、保育園、そしてケアマネージャーさん、ホームヘルパーさんなど、多くの人の支えのおかげで、なんとかアナウンサーを続けることができたのです。

5 厳しいご意見

視聴者の方からいただく厳しいご意見は、最初は傷つくけれど、時間が経って、一理あるなと感じたり、大切なことに気づかされたりすることもあります。

テレビ宣言で、病児保育（子どもが風邪をひいたり熱を出したりした時、保育看護をしてくれるサービス）をテーマに放送した時のことでした。

私は「子どもって、仕事がどうしても休めない時に限って、熱を出すんですよね～」と発言しました。

すると、視聴者の方からこんなメッセージが届きました。

『子どもは親の都合で体調を変えられません。そんな悲しいことは言わないでください』

そんなつもりで言ったわけではないのに……と思いましたが、こうして私の発言を文字にしてみると、確かに冷たい印象ですね。

それでも、子を持つ親としての実感は伝えたい。

どう言えばよかったのだろう……と考えた末、答えが出ました。

前後を逆にすればよかったんだ！

「仕事が休めない時に子どもが熱を出す」のではなく、「子どもが熱を出した時に限って、どうしても休めない仕事が入っている」と言えば、聞こえ方もだいぶ違ったのではないでしょうか。

他にも、長者番付（高額納税者）が日本でまだ公開されていた頃、私はそのニュースを受けて自虐気味に「私には関係がない」と口にしました。すると『関係がないとは何事か』とお叱りのメールをいただきました。

そして気がつきました。

「私には縁がない」と言えばよかったのだと。

日本語は繊細で難しいですね。

日々、勉強です！

6 捨てて得る

私は、「捨てて得る」という考え方を大事にしています。

何かを捨てる時、同時に得ているものがあるという意味で、長男出産の際に産婦人科医からいただいた童具デザイナー・和《わ》久《く》洋三《ようぞう》さんの本で知りました。

例えば、今、恋人に振られたとします。

恋人は失ったけれど、それは、もっとすてきな恋人に出会うチャンスを得たということ。

こんな風に考えはじめると、全てがプラスに思えてきます。

私の子育てもそうでした。

長女が保育園に通っていた頃のことです。

そこは、帰りの遅い保護者のために、子どもに夕食を食べさせてくれる保育園でした。

一時期、私の夕方の生放送番組が週に3日になったことがあり、私は放送のない日だけ保育園の夕食をキャンセルし、娘に夜ご飯を作ることにしました。

母親として、我が子に手料理を食べさせたかったからです。

生放送がないといっても、保育園に迎えに行けるのは夕方の6時過ぎ。そこから家に連れて帰り、ご飯を作って食べさせ、お風呂に入れて……となると、寝る時間は10時を超えてしまいます。

健やかな成長のためには、1分1秒でも早く寝かせたい！

私はただただ必死でした。

そんなある日、娘がこう言いました。

「わたし、ほいくえんのごはんがいい」

思いもよらない言葉でした。
そして、こう続けました。
「だって、おかあさん、おこってばっかりなんだもん」

はっとしました。

私は、保育園に迎えに行けば「早く帰るよ」、ご飯の時は「早く食べなさい」、「早く着替えなさい」「早く寝なさい」……と、ずっと娘を急かし、怒ってばかりいたのです。
自分の手料理を食べさせることが、娘にとって一番幸せなことと思いこんでいましたが、娘は私の笑顔を求めていたのです。

以来、私は、子どもに対してできないことを嘆くより、「笑顔のお母さんでいること」を得ようと決めました。

7 特徴のないアナウンサー

私は若い頃、ある人に、特徴のないアナウンサーと言われました。確かに印象的な顔立ちや声でもなく、これといった特技があるわけでもありません。そんな中、子どもの誕生が私に「母」という新たな特徴をもたらしてくれました。

広島テレビのホームページ上で続けた「のぶえのドタバタいくじにっき」もその一つ。

長女の妊娠からスタートし、長男が生まれ、次男が生まれ……20年間のドタバタを記録してきました。その間、それぞれの個性の違いに驚き、きょうだい愛に癒やされ、子ども達の純粋さに何度も心が洗われました。この日記を書くことで、話題が尽きない子育ての面白さと、喜びや学びを与えてくれる子どものありがたさに気づくことができました。

「いくじにっき」で心がけていたのは、やはり「りきまず　きどらず　自然体」。私の未熟な母親ぶりや失敗談も包み隠さず書いて、子育て中の方々に共感してもらえたらうれしいなと思っていました。「ドタバタいくじにっき」は、広島の子育て応援フリーペーパー「ママンペール」でも、16年間連載しました。

今はインスタグラムで、時々、子ども達の話題を綴っています。

子どもは何歳になってもネタの宝庫ですね。

番組での私の発言も、子どもから聞いたことや、学校を通じて知ったことなどが存分に活かされました。流行のアニメや歌も子ども達から教えてもらいましたし、子どもが野球やサッカーをするようになって、カープやサンフレッチェの試合を観るのも、より好きになりました。
子ども達に大感謝です。

8 テレビに出るお母さん

「子ども達は、テレビに出ているお母さんをどう思っているのですか?」

よく聞かれる質問ですが、子ども達はそもそも、私の番組をあまり観ていません。小さい頃も、お母さんより、アニメやEテレ派でした。

以前、改めて子ども達に、どう思っているのかを聞いてみると「どうもこうもない。出てるな〜という感じ」と言われました。特別なことではなく、日常

子育てコラムを16年間担当したフリーペーパー『ママンペール』

だったようです。

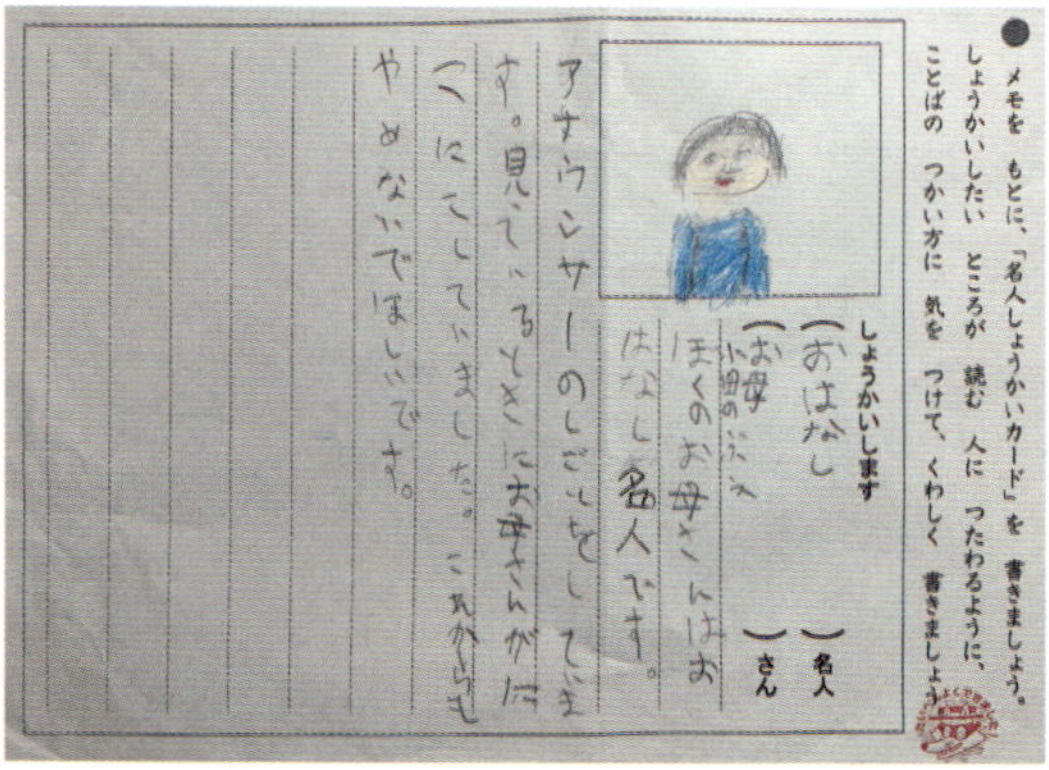
メモを　もとに、「名人しょうかいカード」を　書きましょう。
しょうかいしたい　ところが　読む　人に　つたわるように、
ことばの　つかい方に　気を　つけて、くわしく　書きましょう。

しょうかいします
（おはなし　）名人
（お母　）さん

ぼくのお母さんはおはなし名人です。アナウンサーのしごとをしています。見ているときにお母さんがにこにこしていました。これからもやめないでほしいです。

次男が私を紹介した作文

それでも次男は、小学校低学年の時、〝名人〟というテーマで、私について書いてくれたことがあります。

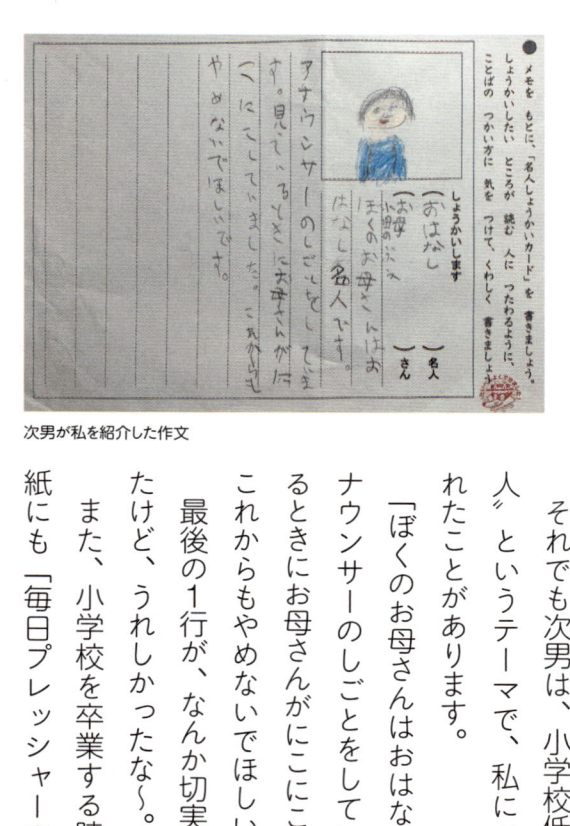

「ぼくのお母さんはおはなし名人です。アナウンサーのしごとをしています。見ているときにお母さんがにこにこしていました。これからもやめないでほしいです」

最後の1行が、なんか切実で笑ってしまったけど、うれしかったな〜。

また、小学校を卒業する時の家族への手紙にも「毎日プレッシャーの中、戦っているお母さんを見てとてもあこがれます」と書いてくれていて、涙が出ました。

それだけに、今回、広島テレビを卒業することを次男に伝えるのは少し緊張しましたが、あえて、食事の合間に何気なく伝えました。

「アナウンサーの仕事は続けるけれど、広島テレビとテレビ派は卒業する」

次男の方も何気なく受け止めてくれていました。

その後は「頼むけ、ニートにはならんでね（笑）」と言われています。生き生きと働いている私が好きなのかな。子ども達にがっかりされないよう、これからもがんばります！

9 義母の支え

周囲に支えられてきた私の仕事と子育てですが、中でも大きかったのは義母の存在です。特に、長女が小学校に上がってからは、平日の夕食の準備から、子どもの習い事の送り迎え、授業参観もほとんど行ってくれていました。何から何まで義母にお願いし、「子どもの一番かわいい時にそばにいてやれないなんて、私は何のために働いているのだろう」と、悩むこともありました。

しかし、これも「捨てて得る」。

「いつか娘が思春期など難しい年頃になった時、いいアドバイスができる母親になれるよう、今はしっかり仕事をがんばり、自分自身が成長しよう」と思っていました。

義母は、我が家から歩いて3分のところで一人暮らしをしています。

子ども達が小さい頃は、学校から直接おばあちゃんの家に帰り、夕食を食べさせてもらっていました。そして、私と夫が会社帰りに子どもを迎えに行き、その際、私たちの夕食までタッパーに入れて持たせてくれました。いつもバラ

毎晩ご飯を作って支えてくれた義母

ンスの取れた料理をたくさん作ってくれて、私たち家族が健康で過ごせたのは義母のおかげだと思っています。

義母は「もし、のぶえさんが働いていなかったら、私は毎日、一人でご飯を食べていたと思う。孫と一緒に過ごせて幸せ」と言ってくれます。

本当に感謝してもしきれません。

これからは私も少し時間に余裕ができるので、恩返しをしていきたいです。

10 実母の介護

30代の頃の私を語るのに、実母の介護については外せません。

9年前に亡くなった私の母は、生前、パーキンソン病と認知症を患っていました。

パーキンソン病を発症したのは48歳の時。

当時、両親は福井で二人暮らしをしており、父（母の夫）は末期の大腸がんで闘病生活中でした。私は東京に進学し、姉は横浜で就職していたので、母は一人で父の看病を担うことに。過度な心身の疲労が、病気の引き金になったのかもしれません。

私が広島テレビに入社した4日後、父は他界。

その7年後、介護が必要になった母を広島へ呼び寄せました。

親孝行がしたくて始めた同居でしたが、介護は想像以上に苦しいものでした。

母は一日に何度も体が動かなくなり、その度に強いうつ症状が現れます。夜

長女の小学校の入学式に参列した母

中は特に深刻で、毎晩3、4回のトイレ介助と、うつへの対応が必要でした。さらに、娘の授乳の時期とも重なった私は眠れない日々が続き、ついに限界を超えてしまいました。

母はその後、60歳で認知症を併発。老人ホームやグループホームでお世話になるものの、精神科に緊急入院したり、足を切断する寸前という危機に見舞われたり、最期は延命治療を受けるかどうかの選択にも迫られました。

介護の詳しい話は、2020年に自費出版した著書『ドタバタかいご備忘録』で綴っています。

私は介護をしていた頃、強い劣等感を感じていました。周りはみんな笑顔で立派に介護しているのに、なぜ私にはできないのだろうか……と。

だからこそ、著書では母に優しくできなかった後悔や、施設介護を選んだ時の複雑な気持ちなども正直に書きました。同じように介護をされている方に「馬場さんもそうだったのね。介護は思うようにいかないものなのね」と、心が少しでも軽くなってもらいたいと思ったからです。

自宅介護と施設介護、合わせて12年間の記録です。

よかったらお手に取ってみてください。

母の介護経験を綴った『ドタバタかいご備忘録』
(2020年／ザメディアジョン)

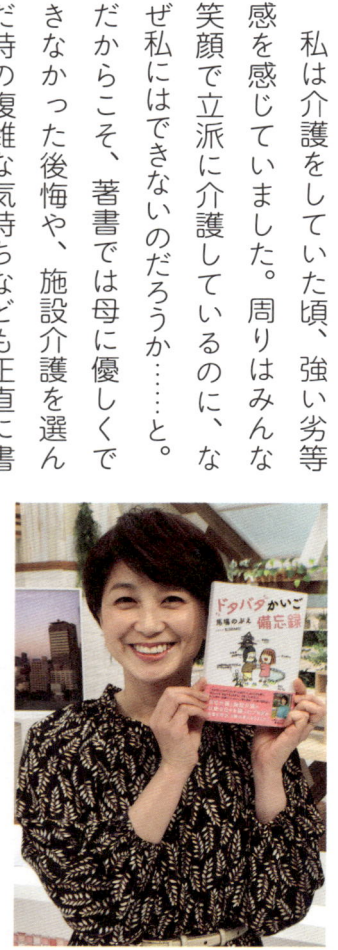

11 介護の講演

『ドタバタかいご備忘録』を出版して以来、介護の講演を依頼されることが増えました。

東広島市で介護に関する講演（2021年）

実は、以前は母について人前で話すことに、抵抗がありました。

特に生前は、病気とはいえ、本来の母ではない姿を公表するのは本人が傷つくのではないかと思ったし、私自身、平常心で母のことを話せる自信がなかったからです。実際に、講演会では涙が止まらなくなってしまい、お客さんにハンカチを差し出されたこともありました。

しかし今は、母の話をすることで、当時の私のように介護に悩んでいる方や、将来、家族に介護が必要になったら……と不安を感じている方のお役に立てるのがとてもうれしいです。

介護もまさに「捨てて得る」。

母の介護を通して学んだことはたくさんあります。

介護保険や介護施設のこと、認知症のさまざまな症状、精神科病棟の日常、介護はきれいごとではないということ、そして延命治療の選択の難しさまで。母は、自らが病気で苦しむことと引き換えに、最後の最後まで、私に身をもって教えてくれたのです。

さらに、もう一つ。

母の通っていた病院には、病気の子ども達が多く訪れていました。

その姿を目にするうち、もし自分が押す車椅子に、母ではなくわが子が乗っていたらもっと辛いのでは……そう感じるようになりました。それは、母の介護に悩み、自分が一番不幸であるかのように落ち込んでいた私にとって、大きな気づきでした。

世の中には、もっともっと苦しんでいる人がいて、どんなに幸せそうな家族でも、それぞれに悩みを抱えているのでしょう。母はもしかしたら、私や子ども達の代わりに、我が家の試練を引き受けてくれていたのかもしれないと、今は思っています。

12 嵐

母の介護で一番辛かった時期に、私の心の支えになったのは、現在活動休止中のアイドルグループ「嵐」でした。

嵐との出会いは、長女が年中の頃。

運動会で、子ども達が嵐の曲に合わせて踊ったことでした。

人生でこれほど好きになったアイドルはおらず、一時は何事も嵐につなげて考えてしまうほど。

例えば、信号を見れば「緑は相葉くん、黄色は二宮くん、赤は櫻井くん」というように、嵐のメンバーカラー（それぞれのメンバーのイメージカラー）を思い出していました。そして、嵐を通じて仲良くなった友人と、大阪や福岡までコンサートを観に行き、今でいう〝推し活〟をしていました。番組の中でも、よく嵐の話をしていたので、同じ嵐ファンの視聴者の方から「私もです！」とメッセージをいただき、活動休止が発表された際には「馬場さん、大丈夫ですか？」と、心配の声までいただきました。

私が嵐を好きな理由は、メンバー5人が「みんな違って、みんないい」ところ。また、そのいいところをお互いに認め合い、それぞれの個性を尊重し合っている関係性にも惹かれました。広島テレビアナウンス部も、こんなグループでありたいと思っていました。

さらに、嵐の曲にはたくさんの元気をもらいました。

母が強い妄想に襲われ、精神科の病院に緊急入院した時、私は面会の行き帰りの車内で、毎日泣いていました。その時にずっと聞いていたのが、嵐の『Love so sweet』という曲でした。「明けない夜はない」という歌詞に、どれほど救われたでしょうか。

嵐のメンバーと仕事でお会いすることはありませんでしたが、いつかご一緒したい！　そして、感謝の思いを伝えたいと思っています。

ドタバタ column 05

グッズ

番組の企画で作られたものや、視聴者プレゼントになったものなど、いろいろありました。

❶テレビ派の人気コーナー『街かど脳トレ』の本『テレビ派　脳トレ』が出版されました(2015年)
❷テレビ派の推し活企画で作っていただいたアクリルスタンド
❸「テレビ宣言」と広テレ女性アナウンサーズのうちわ
❹私が印刷されたタオル。最後のテレビ派出演の日、記念にいただきました
❺3Dプリンターの企画で私のフィギュアが誕生。テレビ派卒業まで、セットに飾ってありました

6章

印象深い仕事

1 テレビ派

夕方ワイド番組に話を戻しましょう。

私は3度の育休を取得し、復帰のたびに夕方の生放送番組に戻るという道を歩んできました。自分が強く望んだというよりは、時の流れに身を任せた結果です。たまたま復帰のタイミングと同じ時期に、毎回、番組がリニューアルすることになり、「再びやってみないか?」と声をかけていただきました。ここまでくると、腐れ縁? (笑)、いえいえ、特別な縁があったとしか思えません。

3度目の復帰の時は、番組名が「テレビ派」に変わっていました。男性MCは、児玉勝司《こだまかつし》アナ、藤村直己《ふじむらなおき》アナからバトンを受け継いでいた森《もり》拓磨《たくま》アナウンサーでした。私にとっては、初めての、後輩とのコンビでした。

森くんは物知りで、実況力に優れ、頼りになる後輩でした。私はよく原稿を見失うのですが、その度に、さっと自分の原稿を差し出したり、代わりに読んでくれたりしていました。本当に、何度助けてもらったかわかりません。

『テレビ派』で12年半タッグを組んだ森拓磨アナウンサー

また、人気コーナー『街かど脳トレ』では、最初の頃は書いて答える方式だったため、私の珍回答を上手にいじってくれました。私としては毎回真剣に考えるも、どうしても分からなくて、白紙だけは避けようと苦し紛れに答えを絞り出したら、なんだか面白くなっていたというのが実情でした。当時は、街で視聴者の方にお会いすると「珍回答、おもしろいね〜」と言っていただき、高校時代、勉強ができず劣等生だったことが逆に生かされた！と思っていました（笑）。

気づけば、森くんとのコンビが一番長くなり、12年半。その間、大きな災害やコロナ禍、広島サミットもあり、共に修羅場を乗り越えてきた同志のように感じています。

2 すきま産業

私は、テレビ派での自分の役割を「すきま産業」と思ってきました。

どういうことかというと、テレビ派はコメンテーターが出演する日が多いので、VTRを見た感想などは基本的にコメンテーターが答えます。森アナは進行役。となると、私はそれ以外の〝すきま〟を見つけてしゃべることになります。

テレビ派の「街かど脳トレ」が人気コーナーに！

実は、これがなかなか難しい。

フリートークができる時間は決まっているので、森アナがコメンテーターに話を振って、答えていただいているうちに時間いっぱいになってしまったら、私が入るタイミングはありません。短くも印象的な一言を最後に挟むか、もう笑い声で勝負するか（笑）。それもできそうにない時は、とにかく一生懸命な聞き役になるよう努めてきました。

原稿によっては私の名前がそもそも入っていないものもあり、私は必要ないのかと悲しくなることもありました。

「原稿にはありませんが、馬場さんは森さんをフォローするなど好きな時にしゃべってもらっていいので……」

日替わりコメンテーターとお送りした『テレビ派』

と言われるのが、正直一番難しかったです。

なんでもいいから、一言でいいから、役割ください！　みたいな（笑）。それでも、そういう中で上手に〝すきま〟に入っていくのが自分の腕の見せ所とも思っていました。

しかしある日、私の代わりに出演した後輩のアナウンサーが一言もしゃべれずにいる姿を見て、考えが変わりました。

「私のせいだ」と後悔しました。

すきまにも限界があり、特に経験が浅いアナウンサーが、時間の限られる中、原稿にない発言を挟むのは至難の技です。私が長年、何も訴えなかったために、自ら「名前のない原稿」を作らせてしまっていたことに気づきました。

今後、後輩たちには「自分の名前のない原稿は寂しいです」と素直に口にし、自分の確かな役割をスタッフと共に考え、見つけていってほしいです。

3 テレビで意見を言うこと

すきま産業の難しさの一方で、テレビで自分の意見を言うのもまた別の難しさがあります。

テレビ派では、午後6時台にニュース特集があり、コーナーの最後にMCが感想を述べます。基本的に原稿はなく自由にしゃべれるので、やりがいもありますがプレッシャーもあります。

与えられる時間は日によって違い、40秒の日もあれば20秒の日もあります。40秒であれば、私と森アナがそれぞれ20秒ずつしゃべればいいので余裕がありますが、2人で20秒だと先に話しはじめる私が5~7秒ぐらいに収めなければ、森アナのまとめが入りきらない……という風に、いつも頭の中で自分の持ち時間を計算しています。言いたいことをできるだけシンプルにして伝えることが求められますが、この感想を5秒ではとても無理！　という時には、あえてアシスト的な発言に徹し、森アナに代表して言ってもらうことも。とはいえ、これはMCの二人で話し合って決めているわけではなく、全て暗黙の了解。MC同士、記者、プロデューサーの相互の信頼関係で成り立っています。

私はいつも、できるだけ自分の心に正直に話すよう心がけてきました。それでも、時には世論を二分するようなテーマもあり、自分がどちら側に立って発言するべきか悩むこともあります。そんな時は、前もってそれについて調べ、自分の心にじっくり問いかけることで、自分なりの答えを探します。

漫画『はだしのゲン』が広島市の平和教材から削除され話題になった時には、改めて全10巻を一気に読みました。

戦争の理不尽さを忘れてなるものか、全て描き残すのだという、作者・中沢《なかざわ》啓治《けいじ》さんの使命感が伝わってきて、削除の賛否はまた別問題として、永遠に読み継がれてほしいと感じました。

テレビで自分の意見を言うのは怖い時もありますが、意見を言えなくなる世の中が一番怖いと思っています。どんな難しいテーマからも逃げずに、自分なりの答えを見つける努力は、これからもしていきたいです。

4 西日本豪雨

アナウンサーとして特に心に残るのが、2018年の西日本豪雨です。

私は、発災3日後に、被災地である広島市安芸区の矢野地区を取材しました。小学校の校庭には大量の土砂が流入し、鉄棒は支柱部分が全て埋まり、握り棒だけがかろうじて見える状態。また、家の中が一面茶色い泥水に浸かったお宅などもあり、被害の大きさに言葉を失いました。被災された方にカメラを向けてお話を伺うのは心苦しく思いましたが、大変な状況の中、たくさんの方が応じてくださいました。気丈に話されながらも、ふとした瞬間に涙ぐまれたのが忘れられません。

西日本豪雨の被災地を取材

発災10日後には、竹原市東野町を訪れました。被災者の方が私たち取材クルーを目にした瞬間、「来てくれたんですね」と感極まっていらっしゃったのが印象的でした。土砂の撤去を手伝えるわけでもなく、ただ取材することしかできない自分に無力さと申し訳なさを感じていましたが、被災された方にとって、現状を広く知ってもらうこと自体が力になるのかもしれないと気づかされました。

豪雨から1カ月後、被災者の方からこう言われました。

「最初は自分を悲劇のヒロインのように思っていたけど、テレビでたくさんの被災者を目にし、うちだけじゃないと知ってがんばれた」

被災地を取材する意義を感じさせてくれた言葉でした。

このように、被災者の方々に私達、取材者の方が勇気づけられた一方で、当時、個人的に心を痛めたことがあります。それは、SNSでの書き込みです。

「被災地に行くのに長靴を履いていなかった」と事実とは違う内容が載り、そんな誤った書き込みに対し「それは非常識だね」と同調するコメン

災害後に何度も訪れた安芸区矢野

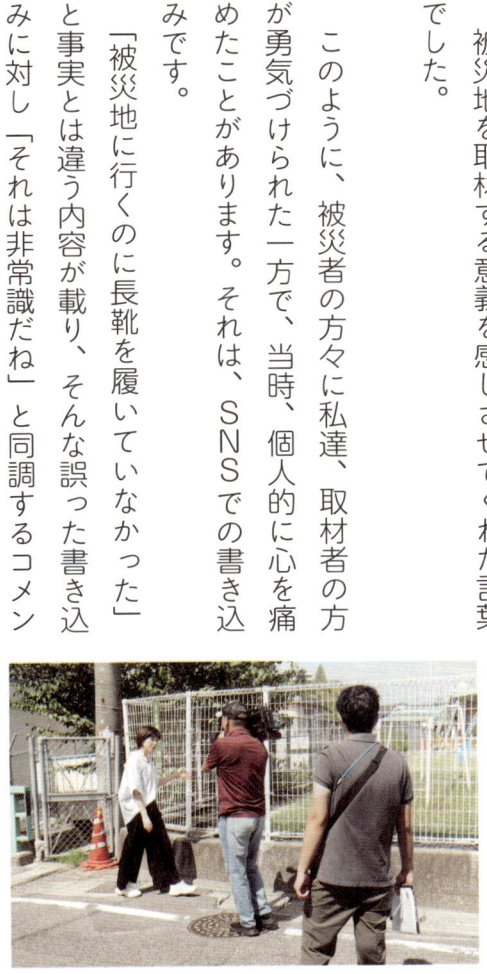

ト……。真実ではないことが真実のように語られ、広まっていく怖さを感じました。

私の長靴ぐらいは大した話ではありませんが、今、社会問題になっているSNSの誹謗中傷に悩む人たちの苦しみを、少しだけ想像できた出来事でもありました。

5 8月6日

毎年8月6日が近づくと、緊張感が高まります。

私は広島テレビに入社してから毎年のように、原爆の日の特別番組や夕方の生放送に関わってきました。しかし、福井県出身の私は、平和教育をほとんど受けていません。そんな私が、被爆地広島で、8月6日を伝える側になるなんて……これ以上のプレッシャーはありませんでした。

若い頃は、番組で原爆について話す時、必要以上にドキドキしていました。広島平和記念資料館に行ったり、原爆に関する本やニュースを見たりして、自分なりに理解を深める努力はしていましたが、そもそも自分にヒロシマを伝える資格があるのか、おこがましいのではないかと思っていました。

転機となったのは、2010年の8月6日。番組で『INORI～祈り～』という曲を歌う、歌手のクミコさんを紹介したことでした。

『INORI～祈り～』は、『原爆の子の像』のモデルとなった佐々木禎子《ささきさだこ》さんの祈りを歌った曲で、禎子さんの甥にあたる佐々木祐滋《ゆうじ》さんが作りました。祐滋さんはこの曲を、言霊《ことだま》を歌い紡ぐ歌手といわれるクミコさんに歌ってほしいと申し出ます。

しかし、クミコさんは悩みました。

「ヒロシマとも原爆とも無縁だった自分が、この曲を歌う資格があるのか…」

彼女は、機会を見つけては広島に足を運び、禎子さんに思いを馳《は》せ、その「祈り」を受け止めようとします。

さらに、ニューヨークでこの曲を披露し、歌を聴いた被爆者の笹森恵子《ささもりしげこ》さんから「犠牲者に対する気持ちをそのままいっぱい出してよく歌ってくれた」と声をかけられます。

クミコさんは、この出会いで、「今まで、身内に被爆者がいないから、この曲を歌うのは難しいと思ってきたが、身内にいるような気がした。これからは胸を張って歌っていく」と決意を固めます。

私はクミコさんに深く共感しました。

被爆体験がないとか、広島出身じゃないとかは問題ではない。〝伝えたい〟という気持ちが大切なんだと気づきました。

以来、私のスタンスは「平和を願うのに遠慮はいらない！」。

クミコさんが「原爆のこと、禎子さんのことを勉強し、ニューヨークで歌うことで、覚悟ができた」と話すのを聞いて、私も自分なりに感じたヒロシマを発信する「不定期連載　ヒロシマ日記」を、ブログで始めました。

18:24 5G

不定期連載　ヒロシマ日記＜27＞「被爆ポンプ」をご存知ですか？

2019.8.7

昨日は、74回目のヒロシマ、原爆の日でした。
被爆者の平均年齢は82歳を超え、記憶の継承は待ったなしの課題です。

JR広島駅のすぐ近くに「被爆ポンプ」と呼ばれる手押しポンプがあるのをご存知ですか？

猿猴橋町の道端に静かに存在しているので、気づかずに通り過ぎているかもしれません。
広島に原爆が落とされる前からそこにあったと思われるそのポンプは、
錆びつき、壊れ、もう水は出ませんが、
「被爆ポンプです　残してください」と書かれたブ

htv.jp

14年間ブログで綴った『不定期連載　ヒロシマ日記』

原爆の日に感じた思い、平和講座『ヒロシマ・ピースフォーラム』や被爆体験記朗読会に参加したこと、広島テレビが制作した原爆に関するドキュメンタリーの紹介などを綴り、2024年までの14年間で53回を数えました。

これからも、ゆっくり長く、インスタグラムなどで発信を続けていきたいと思います。

6 G7広島サミット

広島のアナウンサーだからこその経験といえば、2023年のG7広島サミット報道です。

私は、サミット前日から最終日までの4日間、平和公園そばのおりづるタワーで、特別番組に携わりました。

被爆地で初めて開かれる特別なサミットに地元アナウンサーとして関わる…

責任の大きさを感じ、開催前にはサミットへの課題を話し合うシンポジウムに参加したり、平和公園を訪れ首脳達が通る経路を実際に歩いてみたりと、自分なりにできる準備をしたつもりでした。しかし、突然のゼレンスキー大統領の訪広など、想像していなかった事態の連続に、平常心を保てず、反省ばかりが思い出されます。

G7広島サミット特番（2023年5月放送）

それでも、核保有国の米、英、仏を含む9人の首脳が原爆慰霊碑の前に並んだ時は、グッとくるものがありましたし、世界の目が向けられている中での放送という、貴重な経験をさせていただきました。

特に忘れられないのは、サミット初日に、ジャーナリストの池上《いけがみ》彰《あきら》さん、日本テレビのアナウンサーだった藤井《ふじい》貴彦《たかひこ》さんとともにお送りした、G7首脳の平和公園到着です。全国に向けた放送となり、打ち合わせでは藤井さんに「馬場さんには、地元広島の人がサミットに対して感じていることを、広島目線で話してほしい」と言われました。それは、県民の気持ちを代弁するということ。大役に身が引き締まりました。

　さらに同じ日、メイク室で隣り合わせた情報番組『DayDay.』の武《たけ》田《た》真一《しんいち》アナウンサーから、広島の人達の核廃絶に関する考え方を聞かれました。いちアナウンサーの自分が答えていいのか戸惑いながらも、それが広島のアナウンサーに求められることなのだと自覚する出来事で、改めて、被爆地のアナウンサーの使命を感じました。

G7広島サミット・国際メディアセンター

7 カープ

カープにまつわる仕事で思い出深いのは2016年。緒方孝市《おがたこういち》監督の下、25年ぶり7度目のリーグ優勝を果たした時の優勝パレードです。

テレビ派ではちょっと面白い企画を考えました。

沿道から「ガッツポーズして！」と書いた大きなプラカードをパレード中の選手に見せ、応えてもらおう！　というものです。

私は、人混みの中でも気づいてもらえるよう、金のジャンパーに金の帽子を身につけ、平和大通りでプラカードを掲げました。

実はこのプラカードのアイデアは、私の趣味から生まれたもの。

当時大ファンだったアイドルグループ『嵐』のコンサートで、ファンが「手を振って！」とか「ウインクして！」などと書いたうちわを掲げ、メンバーがそれに応じるところから発想を得ました。その結果は…中﨑翔太《なかざきしょうた》投手がガッツポーズをしてくれた!!…ように私には見えました（笑）。

後日、テレビ派に出演された中﨑投手に確かめると、全く気づいていなかったとのこと。ショック！　それでも、趣味が生かされた楽しい仕事でした。

私は福井県出身のため、何年経っても「本当にカープファン？」と聞かれましたが、毎日番組でカープ情報に接したおかげで、心は自然と赤く染まりました。実はカープには、福井出身者が多いのをご存知ですか？

私が広島に来てからだと、横山竜士《よこやまりゅうじ》さん、東出輝裕《ひがしであきひろ》さん、天谷宗一郎《あまやそういちろう》さん、齊藤悠葵《さいとうゆうき》さんが活躍され、今も現役では玉村昇悟《たまむらしょうご》投手がいらっしゃいます。広島で同郷の人に会うのも珍しいのに、我らがカープにこんなにたくさん！　と、いつも誇らしく思ってきました。玉村投手に関しては、勝ち投手になった翌日のテレビ派で、白星ならぬ〝馬場星〟を作って、勝手にお祝いしたことも。毎回、折り紙などを使って、星の制作に励んでいました。

私の故郷びいきを温かく見守ってくださった視聴者の皆さん、ありがとうございました！

他にも、マツダスタジアムで開幕セレモニーの司会をしたり、レジェンドゲームで往年の名選手たちにインタビューしたりと、貴重な経験をたくさんさせていただきました。カープ選手との釣り大会で船酔いをして釣りどころではなくなったのも、今となってはいい思い出です。

カープ・玉村昇悟投手を応援する〝馬場星〟

8 キムタク

インタビューの仕事で最も印象深いのは木村拓哉《きむらたくや》さんです。

2017年、映画「無限の住人」のプロモーションで広島に来られた時、私が広島テレビの代表としてインタビュアーを務めました。

何日も前から、社内の色々な人から「どんな質問をするのか？」「準備は大丈夫か？」「失礼はないか？」などと心配され、これまでにはないプレッシャーを感じながら臨みました。

インタビュー会場は広島テレビの応接室。木村さんと女優の杉咲花《すぎさきはな》さんも一緒に応じてくださることになりました。木村さんがソロタレントとなって初めての主演映画。予定では、質問の7〜8割は木村さんに答えてもらうことになっていました。

しかし、木村さんはインタビュー会場にも杉咲さんをまず入らせたり、インタビュアーに近い席に杉咲さんを座らせたりと、自分ばかりが注目されるのを避けたい様子。私は急きょ、お二人への質問の仕方を変更しました。質問する順番を杉咲さんからにして、木村さんと話す時も合間で杉咲さんに話を振るなど、あえて木村さんが中心にならないよう心がけました。

一方で、木村さんが撮影以外の時間もその役になりきろうとしていたことや、激しい立ち回りもノースタントで臨んだことなど、映画への並々ならぬ思いだけは遠慮なく伺いました。周りのスタッフの方々も私たちの会話を聞いて笑ったり、頷いたり、大きなリアクションで盛り上げてくださり、和やかな時間となりました。

インタビュー終了後、私はやはり、まずは杉咲さんにお礼を伝え、その後、木村さんの前へ進みました。テレビでずっと見てきた〝キムタク〟が目の前に！ インタビューを終えた安堵感もあり、私はつい「握手をしていただいたり……

なんて……お願いしても……いいでしょうか……？」と、本音を口にしてしまいました。

するとと、なんということでしょう！

木村さんが、ハ、ハ、ハグしてくださったのです!!

これには、もう、私もディレクターもカメラマンもみんなびっくり！　この時ばかりは、アナウンサーを長く続けてきた自分へのご褒美のように感じました。

この〝ハグ事件〟は、テレビ派で放送されました。すごい反響で、番組へのメールをはじめ、行く先々で話題にされ、今までほとんど話しかけられたことがなかったコンビニエンスストアの店員さんにまで「うらやましい〜」と言われました。

さすがスーパースターですね。

「よかったですね」「こっちまで興奮しました」など温かい反応が多く、ファンの皆さんの懐の深さを感じました。
私にとって、一生の自慢です！

木村拓哉さんにインタビューした映画「無限の住人」のパンフレット

9 ミヤネ屋

苦い思い出といえば、2019年の情報番組『情報ライブ　ミヤネ屋』出演です。読売テレビのアナウンサーの代打で、宮根誠司《みやねせいじ》さんと共に1日だけMCを務めました。

実はこの出演日の2日前、東日本に台風が上陸。記録的な大雨となり、甚大な被害をもたらしました。

ミヤネ屋も災害報道が中心となるため、代打出演自体がなくなるかもしれないと聞かされていましたが、前々夜ギリギリになって私の出演が確定。プロデューサーから「普段のミヤネ屋とは違う内容になるが、馬場さんには西日本豪雨の経験などを話してほしい」と言われました。経験といっても、私に何が話せるだろう……答えが見つからないまま、生放送に突入。

その結果は惨憺《さんたん》たるものでした。

まず、声が思うように出ない。私もあんなことは初めてでしたが、声を発しようとすると、喉がつっかえたような感覚になってしまいます。さらに、ニュースの説明が書かれたボードを指差す際には、手がぷるぷると震え、どうやっても止まりません。

これは全て、極度の緊張によるもの。

西日本豪雨について、何か聞かれたらどうしよう。ちゃんと答えられるだろうか……そんな不安から、自律神経のバランスが崩れてしまったのでした。

「準備8割」という言葉があります。物事が成功するかどうかは、8割方、準備で決まる……それだけ準備が大切だということです。あの時の私は、自分の出演がなくなるかもしれないと消極的になり、準備をおろそかにしてしまいました。もうベテランと呼ばれてもおかしくない頃だったのに、恥ずかしいことです。

反省だらけのミヤネ屋出演でしたが、一つだけ救われたことがあります。それは、視聴者の皆さん、福井の親戚、高校・大学の友人、他局の同期、行きつけのお店など、たくさんの人が応援してくれたことです。読売テレビに向かう際は、広島テレビの仲間も拍手で送り出してくれて、「会社を辞めるわけじゃないんだから」と大笑い。

温かい人たちに恵まれて、私は本当に幸せだなと思いました。

準備の大切さと周囲の愛情に改めて気づけた仕事でした。

『ミヤネ屋』出演の日（読売テレビ放送局前）

10 視聴者の皆さんからのメッセージ

ミヤネ屋出演の翌日、視聴者の皆さんからテレビ派にたくさんの感想をいただきました。そのほとんどが「馬場さんがあまりに緊張しているので、見ているこっちまで緊張しました」というもの。視聴者を緊張させるアナウンサーってどうなん？　と申し訳なく思いながらも、広島の皆さんはある意味、身内のような気持ちで見てくださっていたのかなと、ありがたく感じたのを覚えています。

視聴者の皆さんからのメッセージには、いつも励まされてきました。番組へのメールやハガキに「大ファンです」と書き添えてくださったり、アナウンス部にファンレターを送ってくださったり、似顔絵や花、手作りのプレゼントなどが届くこともありました。若い頃ももちろんうれしかったですが、40歳を過ぎて「これからもずっとテレビに出続けてください」とか「柏村武昭のテレビ宣言の頃から応援しています」などの言葉をいただくと、勇気が湧いてくるようでした。

そんな中、2023年にいただいた忘れられないメッセージがあります。

お母様が80歳の誕生日を迎えるという女性からのもので、美しい赤いバラの画像が添えられていました。

実は、20年前、私は番組の企画で、そのお母様の還暦祝いにバラの花束を持って駆けつけました。その時のバラを、お母様が挿木にして今も大切に育てているというのです。

「母はあの時の思い出と、馬場さんが20年間変わらずテレビに出続けてくださることが、何よりの生きる励みになっています」

と書かれていました。

あのバラを20年もの間、ずっと大切にしてくださっていること、また、私のことをそれほどの深い愛情で見守ってくださっていることに感動しました。長くアナウンサーを続けてきて、本当によかったと思いました。視聴者の皆さんからいただいた、大きな愛に感謝です！

視聴者が20年間育て続けてくれたバラ

11 リハーサル

テレビの生放送の前には、基本的にリハーサルが行われます。テレビ派であれば、毎日、オープニングと各コーナーのリハーサルをします。

リハーサルは、出演者とスタッフ全員がその内容と流れを確認するもの。出演者であれば「自分はこのタイミングで話した方がいいな」とか、「ここは共演者が話したそうだから、本番では譲ろう」などと、心の準備ができます。また、カメラマンであれば、「ここでこの出演者が話すから、ワンショットを撮ろう」という具合です。

私にとってリハーサルは、生放送を前に安心感が得られる一方で、自分が本番にどんな言動をするか、手の内を見せてしまうものでもあります。そのため、リハーサルでどの程度（手の内を）出すかというのが、悩みどころでした。テレビはカメラの向こうに視聴者がいるので、その反応が分かりません。だからこそ、一番近くの視聴者でもあるスタッフに、本番で笑ってもらったり驚いてもらったりしたい。そのためには、本番に温存しておきたい自分なりの〝ネタ〟があるわけです。

しかし、なんでもサプライズにすると、リハーサルの意味がなく、スタッフも不安……というわけで、リハーサルでは少し言い方を変えたり、「ここは本番で話します」と内容は伏せて、心の準備だけをしてもらったりしていました。

しかし、そのリハーサルでこんな失敗がありました。

オープニングで面白いハプニングがあり、「本番にとっておきたかったわ～」などと言いながら、次のコーナーへ。

このまま次のコーナーのリハーサルもすることになったのねと理解し、私は原稿を読みはじめました。

いつもより長めのリハーサル。いつまで続けるのかな……と思いながら読んでいると、隣に座っていた宮脇靖知《みやわきやすとも》

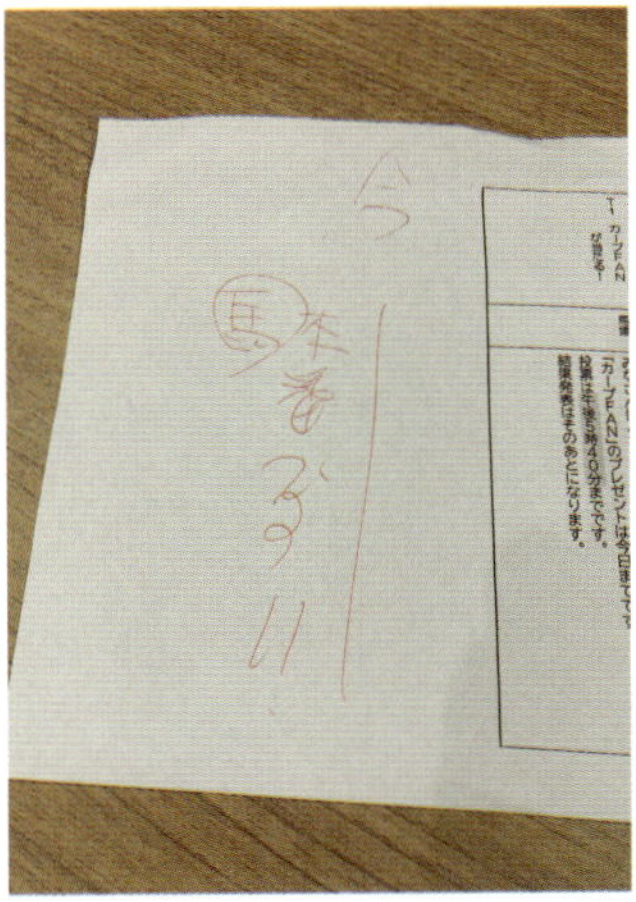

宮脇アナが差し出した「本番です!」

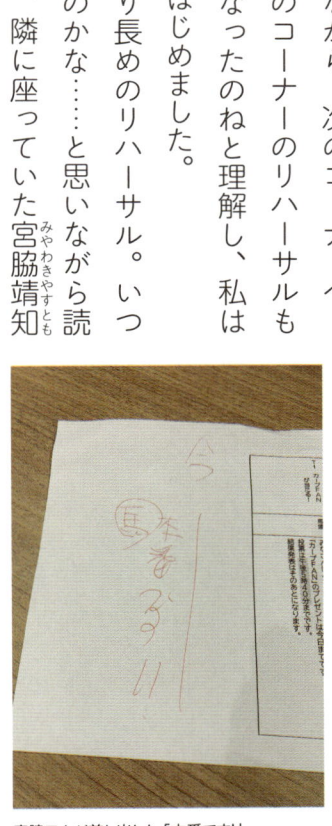

アナウンサーが私にサッとメモを差し出しました。そこには『本番です！』の文字が！　なんと私、あろうことか、本番なのにリハーサルと勘違いしていたのです。血の気が引きました。この日はイレギュラーで番組スタート時間が変わったのと、リハーサルをする時間がなかったため、勘違いしてしまいました。宮脇アナは、私の発言がおかしいので気づいたそうです。

救われました。「今日はリハーサルが長いね」とか言ってなくてよかった。『本番です！』のメモは、その後しばらく戒めとして、自分の机に貼り続けました。

反対に、リハーサルを本番と間違えたことも。

宮島から、着物を着て、中継で出演することになった私。リハーサルでは普通に登場して、本番で「春の海」をアカペラで歌いながら一回転しようと思っていたら、リハーサルを本番と間違え、１２０パーセント出し切ってしまいました。あの時の悔しさといったら……！

リハーサルと本番を間違えた宮島中継

こんな私だったので、周りのスタッフをハラハラさせたことも多かったでしょう。

ご一緒した皆さん、たくさんのフォローをありがとうございました。

12 ナレーション

私が大好きな仕事の一つに、ナレーションがあります。

私は小学生の時の国語の音読をきっかけにアナウンサーを目指し、高校時代も放送部でコンテストに向け、毎日何かを音読していました。今も文章を声に出して読むのが、とにかく好きです。

広島テレビでは、たくさんのドキュメンタリーのナレーションを担当させていただきました。

人間の感情は、悲しみの中にも希望があったり、喜びの中にも不安があったりと複雑ですが、そこを自分なりに想像しながら声で表現するところが難しくもあり、楽しいです。ナレーションの練習をしていると、時間を忘れて何回でも夢中になって読めるので、私はやっぱりナレーションが好きなんだな～と感じます。

NNNドキュメントのナレーションを読むため東京へ

中でも印象深いのは、日本テレビ系列のドキュメンタリー番組『NNNドキュメント』（以降、NNNドキュ）です。
広島テレビはドキュメンタリー制作に力を入れており、原爆関連を中心に、数々のドキュメントを全国放送しています。

Nドキュのナレーションは、東京で活躍する俳優や声優、ナレーターが担うことが多いのですが、自局のアナウンサーにもチャンスを！　と考えてくださる上司のおかげで、私も4本の番組に携わることができました。東京でのナレーション収録は、ドキュメント制作のプロの方々とご一緒できる貴重な機会。初めて臨んだ時は、自分の読み方のクセをズバリ指摘していただきました。「ナレーションが上手になるために何をしたらいいですか？　なんでもいいので教えてください」と言う私に「相田《あいだ》みつをさんの美術館に行ってみるといいよ」と教えてくださった方も。本当に多くのことを学びました。

これからも、1人のナレーターとしてあの現場に呼んでいただけるよう、精進していきます！

13 学校での講演

やりがいを感じた仕事の一つに、学校や大学での講演があります。

私は、広島経済大学で11年間、年に1回の講義を担当してきました。

テーマは「伝わる話し方」。

正直、私が教えてほしいくらいですが、伝え方のポイントやコミュニケーション力を磨く方法、また、テレビ局の仕事や就職活動についても話しています。

学生さんは決してリアクションが大きくありません。でも、時間を追うごとにうなずきが増え、目が生き生きとしてくるので、私はつい熱くなってしゃべりすぎてしまいます。

講義で心がけているのは、失敗談を披露して反面教師にしてもらうこと。書類選考で落選し続けた就職活動の話からは、エントリーシート上でも読む人と

11年担当している広島経済大学での講義

のコミュニケーションが重要なことを伝えます。また、ミヤネ屋の失敗談からは、準備がいかに大切かを感じてもらいます。

講義の後は、いつも学生達の感想を送っていただくのですが、想像した以上に私の伝えたかったことを感じとり、新たな行動につなげようとしてくれているのが分かり感激します。自分の方が励まされ、自身の話し方を振り返るいい機会になっています。

近年は中学校での講演も増えてきました。

広島県の公立高校入試で「自己表現」が実施されるようになったことから、自分の言葉で思いを表現するコツを教えてほしいという依頼です。私は、テレビで話す時に意識していることを紹介し、実際に、自己表現をやってみせるようにしています。

そして、ここでも、自分の失敗談を話します。

中学校での「伝え方」の講演

志望高校に合格した途端、目標を達成した！と勉強をやめてしまったこと。すぐに授業についていけなくなり、赤点と再テストの常連になったこと。授業が苦痛になり、学校生活が楽しくなくなったこと……。だからこそ、中学生たちには、高校に入ることがゴールではないと伝えたい。そして、そんな私でも夢を諦めず、軌道修正ができたことから、目標を持つ大切さを感じてほしいと思っています。

実はこういった話、肝心の我が子にはほとんど話したことがないんですよね……。長男の高校入試も、自己表現でどんなことをしゃべったのか、終わった後に知りました。

私の今後の課題です（汗）。

14 アナウンス大賞

日本テレビ系列では毎年、アナウンス技術の向上などでネットワークに貢献したアナウンサー、つまり1年間で最も活躍したアナウンサーを表彰する「NNSアナウンス大賞」を発表しています。テレビ部門、ラジオ部門、新人部門（入社3年目以内のアナウンサーが対象）があり、私は2014年のテレビ部門で優秀賞をいただきました。テレビ部門の審査は「北海道・東北」「関東・中部」「西日本」「九州」の4ブロックに分かれて行います。

各局の代表1名が、その1年間に放送した番組の中からここぞという部分をピックアップし、12分程のVTRにまとめて競います。私は、テレビ派で放送した被爆ポンプの企画や、この年、広島で開催された菓子博の中継、ドキュメントのナレーションなどを入れました。

実は私、テレビ部門にチャレンジしたのは3回目。しかも、39歳と年齢的にはベテランの域。ここで入賞しなかったら、後輩たちにも顔向けできないと思い、正直なところ挑戦したくありませんでしたが、当時の社長に背中を押されました。

第35回NNSアナウンス大賞・テレビ部門優秀賞の盾

残念ながら大賞は逃しましたが、アナウンサーとして初めていただいた賞。表彰式で各ブロックの代表者の皆さんから刺激を受け、40歳を前にまだまだがんばらなければ！　と気合いを入れ直すことができました。

何よりありがたく思ったのは、会社に大々的に祝福していただいたこと。なんと、広島テレビの社屋に、受賞の垂れ幕が！

広島テレビに掲げられたアナウンス大賞優秀賞の垂れ幕

さらに、受賞式の夜は、社長や上司の皆さんに、東京にある福井料理のお店に連れて行っていただきました。故郷の料理でお祝いをしてやろうという気持ちがうれしくて、広島テレビに入ってよかったなと、心から思いました。

ドタバタ column 06

講演会のチラシ

伝え方・話し方、介護、子育てなどをテーマに、テレビの裏話を交えながら、県内各地で講演をしています。

講演時間は1時間～1時間半。

最初は、そんなに長く1人でしゃべれるのか不安でしたが、今は時間をオーバーしないように気をつけています（笑）

フリーアナウンサーになり、言いたいことを言いやすくなったのか、講演をするのがより楽しくなりました！

7章

働き盛りの40代

1 本当の意味での進行役

局アナ歴27年半の中でも、とりわけ仕事の充実を感じたのは、40代後半でした。実はこの年齢にして、初めての仕事に多く恵まれたのです。中でも、女性アナウンサーだけでテレビ派金曜日のMCを務めることになったのは、私にとって大きな転機でした。2021年からは、23年後輩の木村和美《きむらかずみ》アナウンサーと、2023年10月からは26年後輩の井上沙恵《いのうえさえ》アナウンサーも加わり、女性3人でのMCも経験しました。

夕方ワイドのMCは20年以上してきましたが、私の隣にはいつも男性アナウンサーがいました。男女のコンビだと、進行役はいつも男性。時代のせいもあったのか、私の方がどれだけ年上でも、メインの進行は男性アナウンサーが担い、私はいつもフォロー役でした。疑問に思うこともありましたが、あくまで「役割」なのだと自分に言い聞かせていました。

それが、女性同士になったことで、私は初めて、本当の意味での進行役になったのです。番組冒頭のあいさつも、最後のコメントも、ゲストへの話の振り方も、私に任せられます。最初はとてもプレッシャーで、全てに自信がありませんでした。それでも少しずつ慣れ、自分が舵を取る楽しさを感じる場面も出てきました。

木村和美アナ（写真右）、井上沙恵アナ（写真中央）と3人でお送りしたテレビ派金曜日

女性コンビの夕方ワイドを経験するまで、私は、自分には進行する能力がないと思っていました。隣に進行してくれる男性アナウンサーが

いないとだめな気がしていました。そうやって、自分が一番、自分を信じていなかったのです。本当の意味での進行役を経験したことで、〝経験値がない〟のと〝能力がない〟のは違うと気づくことができました。長く続けてきてよかった！　そして、何歳になっても、新たな挑戦をさせてくれた広島テレビに感謝です。

2 アナたにプレゼン

40代後半での新たな挑戦のもう一つが「アナたにプレゼン」です。テレビ派で2023年10月から始まったコーナーで、アナウンサーが自ら取り上げる話題を決め、1人で取材し、伝えます。

私は「福祉・教育」をテーマに、毎週水曜日を担当していました。介護と子育ての経験から、この分野への関心が強く、以前から、もっとテレビ派で取り上げられないかなと思っていました。また、これまでディレクターと一緒の取材が多かったため、自分で構成を考え、全て自分の責任で行うという経験をしてみたいと思い、「ぜひ担当させてほしい」と立候補しました。

毎週、話題を見つけて、テレビで放送するのは正直大変です。いつも、次は何を取り上げようか、その次の週は？　次の次の週は？　と、3週くらい先のことまで考えていました。そうしないと、番組に穴を開けてしまいそうで怖いのです。また、日々の放送や別の仕事も並行してあるので、毎晩10時、11時まで会社にいるようになりました。それでも自分がやりたいと言ったこと。弱音は吐きたくなかったし、何より大きなやりがいを感じて

「アナたにプレゼン」取材中

いました。

初めての企画は「高齢者のスマホ事情」。

私の義母が70歳を過ぎてスマホデビューをしたことから思いつき、大学生が高齢者にスマホの使い方を教える教室を取材しました。

ディレクターもカメラマンも伴わず、1人だけで現地へ行き、自分のスマホのカメラで教室の雰囲気を撮影し、参加者や学生に話を聞きます。教室の内容をメモに取りながら、シャッターチャンスを逃さず、合間を見つけてインタビュー。取材中、迷っても聞ける相手はいないし、そもそも迷っている時間もありません。

会社に戻ってからの原稿作りも、もちろん自分で行います。取材相手とは、取材後も何度もメールなどでやり取りをさせていただきました。テレビモニターに自分の撮ってきた写真を映しながらプレゼンをするコーナーなので、写真選び、字幕の発注も必要です。取材相手に頼んで、新たな写真を提供していただくこともありましたし、会社のデザイン部にはその写真を加工してもらったり、字幕やイラストなどを何枚も作ってもらったりしました。そんな多くの協力に報いたいと、毎回プレッシャーも大きいのですが、無事に放送できた時の安堵感と達成感はひとしおでした。

振り返れば「認知症サポーター」「ケアラーズカフェ」など、ずっとやりたかった介護の話題も取り上げることができましたし、保護動物や障害のある方の取り組み、献血、性教育、将棋やバラの情報もお届けしました。放送の後、取材相手から「がんばっているとこんなにいいことがあるんですね」と言ってもらえたり、私のプレゼンを見て行動を起こした方がいらっしゃったりするのもうれしかったです。

広島テレビで、最後にこの仕事ができて本当によかったです。

3 韓国ロケ

初めての海外ロケも、広島テレビを退社する7カ月前に経験しました。行き先は韓国・ソウル。

運命を感じました。

なぜなら、私、趣味が韓国語なんです。

2021年、韓国ドラマが好きになり、ドラマで流れる音楽に魅了されました。韓国語には日本語にない発音があるからか耳心地がとてもよく、特に男性の優しいボーカルにときめきました。意味が分からなくてもこんなに惹かれるのだから、意味が分かったらどんなに楽しいだろうと思ったのが、学びはじめた理由です。

最初の1年はラジオ講座で独学。2年目からは週に1回のオンラインレッスンで、東京に住む韓国人の先生に教えてもらっています。単語を一つ覚えると、一つ忘れるので、上達は牛の歩みですが、学生時代の勉強と違い、気長に臨めるのがいいところ。いつかしゃべれるようになって、仕事で韓国語が使える日が来たらいいな～と夢見ていました。

そんな中で訪れた、韓国ロケの仕事。

広島―ソウル便が1日2往復に増便したことを受けて、テレビ派で、広島からの楽しいソウル旅を提案することになったのです。好きな韓国ドラマで、「偶然」は行動の積み重ねの上に生まれる「必然」なのかもと気づかされる話があるのですが、それを少し実感できて幸運でした。

ロケ初日。私はテンション高く広島空港を出発し、ソウルに到着。チェジュ航空のCA（キャビンアテンダント）と共に、2泊3日の人気スポット巡りをスタートさせました。夕方は、ソウル最大級の市場、広蔵市場《かんじゃんしじゃん》へ。屋台が所狭しと並ぶ中、緑豆チヂミ、生タコの入ったユッケ、スンデ（韓国式ソーセージ）、プンオパン（たい焼きの鮒《ふな》版）など、お腹いっぱいになるまで、食べ歩きのリポートを撮りました。その後、ソウルのシンボル的な川、漢江《はんがん》に向かいましたが…明らかに体調がおかしい。気持ち悪い。川のほとりで、夜食にラーメンを食べるシーンでしたが、匂いだけで吐き気が…。なんとか一口だけ食べ、そのままトイレへ直行しました。なんと、初めての海外ロケで、私は初日から食あたりを起こしてしまったのです。

吐き気は翌日も続き、明洞《みょんどん》でのショッピングの撮影では、カメラが止まる度にトイレ探し。どうにもならなくなって、交番のトイレをお借りしました。韓国の刑事ドラマを見ていた私は、苦しくてたまらない中でも、ドラマと同じ出で立ちの警察官に会えて、少し感激しました。

テレビ派・韓国特集のCM。私が韓国語でナレーションを読みました!

いろんな意味で忘れられない仕事になりましたが、一つ勉強になったのは、海外ロケは何があるか分からないということ。そして、取材クルーはチームだということです。誰か1人でも体調を崩したら予定通りロケが行えなくなるからと、カメラマンが日本からたくさん薬を持って来てくれていて救われました。また、一緒にロケをしたチェジュ航空の男性CAも、カイロや胃に優しいジュースを差し出してくれたり、お店でお湯を頼んでくれたりと、私の体調を気遣ってくれました。

韓国の男性は、韓国ドラマ通り、優しいことが分かりました!

4 ラジオデビュー

2023年9月、またまた、長くアナウンサーをやってきてよかったと思う仕事がありました。それは、広島FMでのラジオ番組出演です。

私が出演した番組は、毎週土曜日の正午から放送されている『SONGS ON YOUR LIPS』。オタフクホールディングス株式会社の佐々木《ささき》茂喜《しげき》さんが、「広島で活躍する女性をゲストに迎え、ゲストのセレクトソングを聴きながら、その曲にまつわるエピソードなどをインタビューするプログラム」です。なんと私、光栄にも、200人目のゲストとして招かれたんです。

テレビでは基本的にインタビューをする側なので、自分自身の話を深くすることはありません。そんな私がインタビューをされる側になるなんて！　少し緊張しましたが、仕事のこと、子どもの頃の思い出、家族のエピソードなど、たくさんお話しさせていただきました。

何よりうれしかったのが、自分の思い出の4曲を紹介できたこと。子どもの頃から辛いことがあると口ずさんでいた曲。就職活動に苦戦し落ち込んだ時、前を向けた曲。母が精神科に緊急入院しドン底だった頃、励ましてくれた曲。そして、韓国語が趣味になるきっかけとなった曲。そんな大好きな曲たちを、自分のタイトルコールで聞いていただく喜びは格別でした。

番組の最後に、今後の夢の話になり、私は「将来、自分の名前がついたラジオ番組を持つこと」と話しました。憧れのアナウンサーである、有働《うどう》由美子《ゆみこ》さんも辛坊《しんぼう》治郎《じろう》さんも、それぞれにラジオの

広島FM『SONGS ON YOUR LIPS』に出演（2023年9月放送）

冠番組を持っていて、お二人に近づきたいと思ったからです。

「いつか、広島FMさん、よろしくお願いしま〜す！」とアピールしちゃいましたが、大胆すぎたでしょうか……（笑）。

何はともあれ、夢にちょっと近づいたようなラジオデビューでした。

5 メイク室はオアシス

私にとって、広島テレビのリラックスできる場所といえば、メイク室。夕方の情報ワイドについてから、ずっと、ヘアメイクと衣装の用意をしていただきました。

ヘアメイクさんとの付き合いも、27年半。顔を「作って」いただく間は、毎日楽しくいろんな話をしていたので、私にとってはまさにオアシスでした。仕事で落ち込み、弱音を吐いたこともしょっちゅう。ヘアメイクさんはアナウンサーの仕事のことを分かってくれている上に、視聴者に近い存在でもあるので、客観的な意見が聞けて相談しやすいんです。自分の失敗についても素直に話せて、よくアドバイスをもらっていました。

母の介護で悩んでいた時、一番聞いてもらっていたのもヘアメイクさん。時には、化粧中なのに涙が止まらなくて、何度も塗り直してもらいました。また、スタイリストさんもそうですが、私がどうしたら魅力的に映るかをいつも考えてくれている心強い味方。体調が悪い時などは、まるで家族のように心配し、本番までに少しでも楽になるよう動いてくれました。

思い出すのは、G7広島サミットの特別番組の時。特設スタジオがベランダに作られたのですが、5月なのに冬のように寒くて震えていると、ヘアメイクさんがフリースの毛布を買いに走ってくれました。季節的に探すのも大変だったと思いますが、普段と違う環境で大きなプレッシャーも感じていた中、あの毛布の温かさにどれほど救われたか分かりません。

同じように、私の一番いい表情をとらえようとしてくれるカメラマンや、いい声を拾おうとしてくれる音声さん、肌色をきれいに見せてくれる照明さんなど、アナウンサーは本当に多くの縁の下の力持ちに支えてもらっていますね。大大大感謝です！

6 継続は力なり

40代を過ぎて気づいたのが、継続

私にとってオアシスだった広島テレビのメイク室

の大切さ。何事も、コツコツやり続けることで力になっていくのを実感しはじめました。

続けていたことの一つが発声練習です。

アナウンサーなので当たり前と言えば当たり前ですが、歳を重ねると若い頃より口がまわりにくくなるので、顔のたるみ予防の筋トレも兼ねて、毎朝必ず行っていました。歯磨きと一緒で、忘れると気持ちが悪いです。

二つ目は、新聞を読むこと。

これもアナウンサーなので当たり前なのですが、コロナ禍で一人ご飯に慣れたこともあり、お昼休みに新聞を読みながらお弁当を食べるのが日課でした。気になる記事はノートに書きとめ、テレビ派でその話題が出そうな時に読み返したり、「アナたにプレゼン」のネタにしたりしていました。同僚とランチに行くことがなくなりましたが、これが私の勉強時間と割り切っていました。

三つ目は、新聞のコラムの書き写し。

義母が長年続けており、知識が豊富なので、私も真似をすることに。さまざまな分野の旬な話題に触れることができ、語彙や文章の構成も勉強になっていました。たまに、数日分をためこんでしまうこともありましたが、そんな時は週末に一気に取り組み、遅れてでも続けることを大事にしていました。

四つ目は、体の筋トレ。

何年か前、番組の取材で骨密度を測ると数値がかなり低く、「このまま歳をとったら、寝たきりになる」と医師に言われました。筋トレを勧められ、週に1回のパーソナルトレーニングを始めて7年半になります。バーベルをかついでのスクワットや、胸筋を鍛えるベンチプレス、背筋を鍛えるデッドリフトなどを中心に、毎回1時間行っています。パーソナルトレーニングは、普通のジムと比べて費用がかかりますが、トレーナーが自分のために時間を用意してくれるので、簡単には休めないのがいいところ。また、トレーナーの細かい指導の下、短い時間で効率のよいトレーニングができるので、週に1回でも体型維持に十分です。今までいろんなシェイプアップに挑戦してきましたが、私には筋トレが一番効果的でした。

何か一つのことが続けられるようになると、自信がついて、他のことも色々続くようになる気がしています。継続は力なりですね！

7 インスタグラム

継続していることに、もう一つ、個人のインスタグラム（@babanobue）があります。始めたのは2021年1月と、あまり早い方ではありませんが、やってみたら楽しくて夢中になってしまいました。仕事の裏話、家族のエピソード、友人との休日など、まさに私の日記代わりになっています。番組で時間がなくて言えなかったことや、家族に作ったお弁当の写真を載せたことも。インスタを始めて、私は自分の感じたことを言葉にするのが好きなんだな～と改めて自覚しました。

中でもこだわって続けたのは、テレビ派の衣装の紹介と、鑑賞した映画の感想を記録すること。テレビ派でお借りしている衣装は、テレビでは上半身しか映らない日もあり、せっかくかわいいスカートやパンツも借りているのに申し訳ないなとずっと思っていました。それが、インスタでは全身のコーディネートを見せることができて、お店の情報も載せられます。時にモデル気取り？（笑）なんて思われても、衣装をより良く見せるためと割り切って、毎日撮影していました。ご厚意ですてきな衣装を貸してくださるお店に対する、私流の恩返しでした。

また、映画の感想は、必ず書くことを自らに課しています。インスタを始めるまでは、面白かった、泣いた、感動したと心の中で思って終わっていましたが、それを文章にすることで、脳裏に深く刻まれる感じがします。あとでインスタを読み返して、内容を思い出せるのもいいですね。たまに感想に悩む映画もありますが、仕事上、どんなことにも感想を求められる場面が多いので、そのトレーニングにもなっています!

8 休日の過ごし方

実は数年前、仕事でちょっとがっくりしてしまう出来事がありました。その時、仕事第一だった自分から少し重心を変えてみようと思いました。仕事はもちろん一生懸命するけれど、これまでよりプライベートを充実させ、友人との時間を思いっきり楽しもうと決めました。

ちょうど子ども達も、部活や習い事などで忙しくなり、私は自分の時間が増えてきたころでした。

以来、休日は、友人と出かけることが増えました。

よく行っていたのは、テレビ派で紹介したお店。友人も番組を見てくれて、今度はあのお店に行こう！　と盛り上がりました。番組で紹介した後なので、取材に協力していただいたお礼も言えますし、放送の反響も聞くことができます。私は気になっていた味を実際に確かめることができ、何より、お店の方がとても喜んでくださいました。視聴者の皆さんのための放送でしたが、実は一番ためになっていたのは私かもしれません（笑）。

さらに、アナウンサーになって行く機会が増えたのがスポーツ観戦です。もちろん純粋に応援したくて行くのですが、その行動が翌日の生放送に直接活かされるのがうれしいところ。やはり、現地で観て感じたことは、テレビでも生き生きと話すことができます。

結果的に、仕事と密接に関わっている私のプライベート。いつも頭の片隅に仕事があるのは、これからも変わらないのかもしれません。

9 私の癒やし

私の癒やし……子どもの笑顔! は置いておいて(笑)、我が家の2匹の猫たちです。茶トラのマイケル(♂)と、さび猫のコウメ(♀)です。マイケルの名前の由来は、昔大好きだった猫マンガから。コウメは、もし我が家にもう1人女の子が産まれたらつけようと思っていた名前です。

2匹が家族になったのは2018年のこと。

当時、長女の夢が獣医だったため、動物と触れ合う経験を! と飼いはじめました。昔、動物愛護センターで捨て犬・猫の取材をし、心を痛めた経験から、保護猫を迎えました。2匹はきょうだい猫ですが、見た目も性格も全く違います。

マイケルは人懐っこくて、相手が誰でも、黙って抱っこに応じてくれます。いたずらっこで、タンスを勝手にあけて、中の服を全部出してしまうのは困りものです。

一方、コウメは警戒心が強いのですが、家族に対しては、かなりの甘えん坊。なでてもらえるまでずっと鳴いて訴えてきます。そのくせ、抱っこは絶対にさせてくれません。たまに、トイレ以外で粗相をしてしまうのが玉にきずです。

2匹を飼って分かったことは、猫も人間と一緒で「みんな違って、みんないい」ということ。どちらもそれぞれにかわいくて甲乙がつけられません。また、マイケルの折れ曲がったしっぽや、コウメのサビ色の毛など、少々好みが分かれる個性ほど、好きになると、そこが余計に愛しくなってきます。

コンプレックスは魅力に変わるのだと、猫に教えられました。

また、ペットを飼うことは、やはり情操教育になりますね。我が家の長男は、猫と暮らしはじめてから、反抗期が落ち着き優しくなりました。

さらに、家で一人の時間が増えた私にとっても、猫がいることで自然に笑顔になったり、しゃべりかけたりして、寂しくありません。

猫は心のニャン（安）定剤ですね！

マイケル（右）とコウメ（左）

ドタバタ column 07

インスタでの衣装紹介

テレビ派でお借りした衣装は、お店の情報とともに、私のインスタグラムで紹介していました。

毎日写真を撮ってくれたのは、撮影上手なヘアメイクさん。衣装がすてきに見えるよう、特に姿勢に気をつけていました。

インスタグラムを見て、お店に足を運んでくださった方がいたらうれしいです。

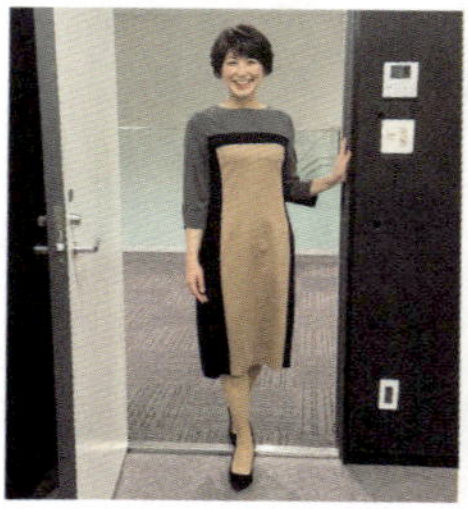

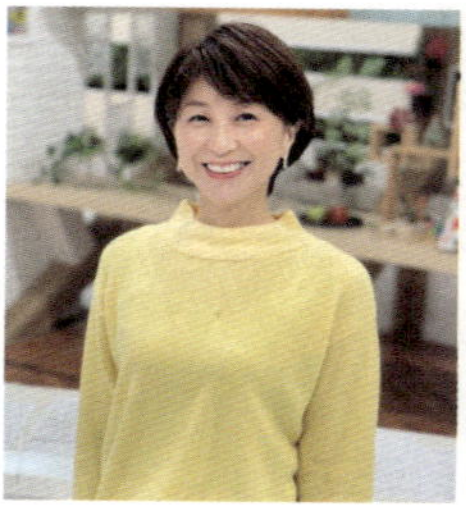

8章

広島テレビからの卒業

1 テレビでの卒業発表

2024年9月2日、私は「テレビ派」の中で広島テレビを卒業することを発表しました。

この日は、たまたま目の注射治療をした直後で、コンタクトレンズを付けられず、メガネで出演することに。見慣れないメガネ姿で、突然の報告となり、視聴者の皆さんを驚かせてしまいました。

発言の内容はこうでした。

「数カ月前から目の病気になり治療中です。

このことをきっかけに自分の人生を見つめなおした結果、この度、広島テレビを卒業する決断をいたしました。

テレビ派は今月27日までの出演となります。

広島テレビに27年勤め、夕方の番組も新人の頃から携わってきて寂しい気持ちもありますが、最後まで皆さんと楽しい時間を共有したいと思います。

私は力が入りすぎると失敗するので〝りきまず　きどらず　自然体〟で自分らしく、楽しく放送をお届けしていきます。

引き続きよろしくお願いします」


番組のラスト1分での報告。

ちゃんと伝えられるか緊張しましたが、しゃべり出すと思いのほか落ち着いている自分がいました。

発表の際、上司や同期がスタジオに来て見守ってくれました。

「今日辞めるわけじゃないですから!」と笑ってしまいましたが、その気持ちがうれしかったです。

発表後は、視聴者の方からたくさんのメッセージをいただきました。インスタグラム、X（エックス）、テレビ派ポスト（番組へのメール）、広島テレビへのお電話、お手紙等々…。こんなに温かい皆さんが応援してくださっていたんだなと、幸せを感じました。

目の心配や、第二の人生へのエールもいただき、感謝の気持ちでいっぱいでした。

2 退社を決めた理由

目に異常を感じたのは、退社の5カ月ほど前のことでした。

元々、強度の近視で、原稿やモニターが見えにくいことがありましたが、この

頃は特にそうでした。

いよいよ老眼が始まったか……と受け入れたものの、何かおかしい。どうも、右目の視野が半分暗いような、もやがかかったような……。

そんなある日、テレビ派の人気コーナー脳トレで、XかYかを選ぶ問題がありました。私は「K」と答えて不正解に。Xの左半分が見えず、Kと見間違えたのでした。

その後、左目にも強いゆがみが出て、まるで水の中で物を見ているような状態に。原稿が見えづらくなり、読み間違えそうになったり、スタジオの照明が反射して一瞬文字自体も見えなくなったりと、ハラハラドキドキしながらしゃべっている自分に気がつきました。

眼球、視神経、脳神経にいたるまで隅々まで調べたものの、はっきりした理由は分からず、「脈絡膜（網膜の外側の膜）の炎症の疑い」と診断されました。

炎症を抑えるため、服薬と注射治療を開始。

左目は改善したものの、右目は目立った効果が現れませんでした。
今までのようには働けなくなるのかな、生放送じゃなかったら大丈夫かな、アナウンサーとしてどんな仕事ならできるのだろうか……、そんなことを考えはじめました。そして、周りに迷惑をかけたくないと、本当にやりたいことを我慢したりセーブしたりする今後の自分が思い浮かびました。

どんどん自分らしくなくなっていく、そんな未来が想像できました。

どうしたら自分らしく生きられるのか、自分の好きな〝しゃべる仕事〟が続けられるのか……。
私の中で出た答えは、会社を辞める

見えづらさを感じた『テレビ派』のスタジオ

ことでした。

3 人生を見つめなおす

私の場合、見え方の問題なので、前もって原稿の文字を濃く、大きくし、何度も練習をしておくことでミスを防ぐことは可能でした。しかし生放送では、とっさに渡された原稿を読むこともあります。

さらに、放送に向けた準備がしにくくなったことも不安要因でした。

お昼休みの新聞タイムも、パソコンでの下調べも、見えにくさから、今までのように集

大好きだった原稿読みも不安に……

中できなくなりました。

ずっと続けてきた新聞のコラムの書き写しも、しばらくは難しそうでした。

土台が崩れた状態で生放送に臨むのが怖いと思いました。

広島テレビに籍を置いたまま、一旦休職し、目が回復したらまた復帰してはどうかという提案もいただきました。

しかし、私の父は53歳で亡くなり、母は60歳の時はすでに認知症でした。私もいつまで元気でしゃべれるか分かりません。予想のつかない未来をじっと待つより、今、できる範囲で、自分らしく生きたいと思いました。

私は、小学生の頃からアナウンサーになるのが夢でした。

高校時代は放送部、大学は放送学科（日本大学芸術学部）、アナウンサーになるために故郷福井を出て、縁もゆかりもなかった広島へ来ました。

しゃべる仕事への熱意が私を作り、進むべき道を照らしてくれました。私はこれからも〝しゃべり手〟であり続けたい！　自分のペースで、自分の責任の中でなら、夢を追い続けられるかもしれない。

目の病気をきっかけに、自分の心と、今後の人生を見つめなおすことができたのです。

4 周囲の反応

退社の意思を最初に伝えた相手は、夫でした。

寝室で急に思い立ったように私が言い出したので、「ちょ、ちょっと待って。落ち着いて考えよう」という感じでしたが、私の意思が固いこと、また「自分らしくありたい」という気持ちを理解し、「応援する」と言ってくれました。

実は、今回の決断に対して、私の大切な人が誰も反対しなかったことが、私にとって大きな支えとなりました。夫、義母、実姉、子ども達、親友……。中でも、義母の反応は忘れられません。

義母は、私の出るテレビ派を毎日楽しみにしてくれていました。また、私が新聞や雑誌に取り上げられると、必ず切り抜いてスクラップをし、私の出るイベントや講演会にも足を運んでくれました。そして、仕事で帰りの遅い私達夫婦に代わって、平日の夕食の準備や子どもの習い事の送り迎えなどを担い、全面的にサポートしてくれました。義母のおかげで子ども達が健やかに育ち、私は仕事を続けることができたと思っています。

そんな義母に、退社することを伝えれば、残念がるのではないかと心配しましたが…

「今までがんばってきたのだから、これからは自分の体のことを一番に考えたらいい。なんとかなるものよ。」

と、励ましてくれました。

84歳の言う「なんとかなる」は説得力がありますね。

自分を信じて前に進む勇気をもらいました。

5 始球式

2024年9月6日、マツダスタジアム。

私は人生で初めて、始球式を務めました。

実は、広島テレビのアナウンサーとして27年半、ありとあらゆる経験をさせていただきましたが、始球式だけはできなかったな〜と思っていました。そんな心の声が天に届いたのか、うれしすぎる大役です。

『テレビ派』新旧MCバッテリーで始球式

この日は広島テレビのスポンサードゲーム。秋からのテレビ派リニューアルをプロモーションするため、始球式のピッチャーは私、そしてキャッチャーは私からMCを引き継ぐ井上沙恵アナウンサーが務めました。

テレビ派では「始球式への道」と題して、始球式に向けた私達の特訓を連日放送。カープOBの池谷《いけがや》公《こう》二郎《じろう》さんに、直々にピッチングを教えていただきました。構えた後、①左足を上げ、②両手を蝶が羽を広げるように大きく広げ、③杵《きね》で餅をつくように投げ下ろす……その名も「餅つき投法」です。私の「ノーバウンドでストライク投球がしたい」という無謀な願いを叶えるため、1時間みっちり指導してくださいました。

池谷さんには入社当時からお世話になってきましたが、あんなに真剣に何かを習ったのは初めて。とてもいい思い出になりました。

休みの日は、家族に付き合ってもらい、近所の公園で練習を重ね、ついに本番当日を迎えました。

始球式にリハーサルはありません。

マウンドは無理でも、屋内練習場などで練習をさせてもらえるのかしら……と期待しましたが、そんなわけがありませんよね。それでも、始球式の直前、一塁ベンチ前で選手とキャッチボールができるんです。

私達のキャッチボールの相手は、私と同じ福井出身で、ずっと応援してきた玉村昇悟《たまむらしょうご》投手！　カープの粋な計らいでした。

そしていよいよマウンドへ。

歩き出す際、観客席から「馬場さん、がんばって!」という声援が聞こえました。また、選手達がすでにポジションについていて、自分が今、選手と地続きのところに立っているんだと気づいた時は、胸が高鳴りました。マウンドのそばでは、その日の先発ピッチャー、大瀬良大地《おおせらだいち》投手が会釈をしてくださったのを覚えています。

マウンドに立つと、紹介のアナウンスが流れました。

大きく手を振るつもりでしたが、球場の雰囲気に圧倒されていたのか、アナウンスに気づくのが遅れ、右手を軽くあげた程度になってしまいました。しまった! と思いながら、慌ててぺこぺこ頭を下げ、いざ投球へ。

私は井上アナだけを見て、「井上ちゃん、いくよ!」と声をあげました。

「1、2、3!!」

必死すぎて、投げた瞬間、無意識に跳んでいました。ボールは大きく右へ。

その時、観客席から、どっと温かい笑い声が聞こえました。井上アナが一生懸命走って、ボールをミットにおさめ、うれしそうに手をあげました。

拍手が鳴り響く中、マウンドを降り、グラウンドを後にしようとした時、サプライズがありました。なんと新井《あらい》貴浩《たかひろ》監督がベンチから出て来られ、「長い間お疲れ様でした」と声をかけてくださったのです。恐縮しましたが、とてもうれしかったです。

始球式直後の私の感想は「悔しい〜。真っ直ぐ投げたかった！　もう一度投げたい（笑）」。本気で練習をしてきたので、この日は悔しさを一日中引きずっていました。

しかし、翌日、テレビ派でご一緒している城《じょう》み

観客席からの温かい声援が聞こえたマウンド

ちるさんから「馬場ちゃんらしくて最高でしたよ♪　井上ちゃんの必死でボールを追いかける姿も微笑ましかったです」とのメッセージが！

私らしくて、井上ちゃんがかわいかったなら万事オッケーと前向きになりました。

井上アナがとってくれたおかげで、無事にテレビ派MCというボールを（バトンを）渡すことができました。

ノーバウンドでストライク投球の夢は、次回（？）に取っておきます！

6 広島テレビでやり残したこと!?

テレビ派の出演最終週は、スタッフが私の卒業に向けて、さまざまな企画を用意してくれました。

まず、人気コーナー『沿線遺産』では、広島テレビ旧社屋があった袋町電停周辺を中島尚樹《なかしまなおき》さんと巡りました。ランチタイムに同僚とよく通ったお店や、入社当時から衣装を貸してくださったお店などに伺い、思い出話に花を咲かせました。

また、かつて取材をした視聴者に会いに行く企画では、私にテレビの意義を教えてくれた西日本豪雨の被災地の皆さん、そして、20年前の取材で私がプレゼントしたバラを、今も大切に育て続けている女性と感動の再会を果たしました。

さらに、『広島テレビアナウンサーとしてやり残したことをやろう!』という、ユニークな企画も放送。私が、やり残したこととして挙げたのは、府中市の三郎の滝での滝滑りと、トランポリンでした。

『沿線遺産』では広島テレビ旧社屋があった町へ

ずっとやってみたかった三郎の滝での滝滑り

夏になると毎年ニュースで取り上げられる三郎の滝。私も入社以来、子ども達が元気に滝滑りをする様子を、何度も伝えてきましたが、現地に行ったことはありませんでした。我が家の子ども達も大きくなってしまい、もうなかなか行けないだろうな～と思っていたので、願ってもない機会になりました。

天然の滑り台は大人でもスイスイ滑れて、楽しい！　しかも、滑る度にスピードも違うし、途中でくるっとうつ伏せになることもあって、毎回違う快感があるんです。だから、子どもみたいに、何度も何度もおかわりしたくなります。三郎の滝滑りは奥が深いなと思いました。

トランポリンは、以前、後輩の井上アナウンサーが番組で挑戦。あまりに跳べなくて面白かったので、自分は果たしてどうなのか興味がありました。

結果は、意外と跳べました（笑）。ただ、トランポリンで弾んでダンクシュートを決めるという挑戦では大苦戦。なんと、39回も繰り返して、ダンクシュートのようなもの（？）を成功させることができました。トランポリン施設の方が「がんばる大人を見て、涙が出そうになった」と言ってくれました。

こうやって、色々なことに挑戦させてもらって、子どものように必死になれるのが、アナウンサーの醍醐味ですね。また、それを、取材仲間や視聴者に見届けてもらえるとは、なんて幸せな仕事だろうと感じました。

ダンクシュートにも挑戦したトランポリン

7 最後のテレビ派

2024年9月27日、私の最後のテレビ派出演の日がやってきました。この日は、午後5時台の放送が全編、私の卒業スペシャルに！

スタッフが何日も前から、私の若かりし頃の映像をいくつもいくつも見て、名（迷）場面・珍場面を探してくれたり、お世話になった方からのメッセージを集めてくれたり、私のゆかりの人に登場してもらったりと、卒業を盛大に盛り上げてくれました。「台本など何も見ずに放送に臨んでくださいね」と言われ、アナウンサー人生で最も準備をしなかった生放送に。それでも、いや、だからこそ、楽しくて幸せな、今までで最も短く感じたテレビ派でした。

また、テレビ派でご一緒してきたコメンテーターやリポーターの皆さんもスタジオに駆けつけてくださり、たくさんの愛を感じる一日となりました。

番組最後のあいさつは、前日の深夜2時まで考えても決まりませんでした。かつて多くのプロ野球選手が印象的な引退のあいさつを残していますが、皆さんこんな風に悩まれたんだろうなと想像しました。実はこの日の前日、私の信頼する方から「自然体の馬場さんが見たい」と言われていました。いいこと、かっこいいことを言おうとせずに、正直な気持ちを伝えようと思ったら、ようやく当日の朝に内容が決まりました。

あいさつに与えられた時間は、番組最後の2分半。

私はこう切り出しました。

『今日は、私の最後のテレビ派出演を見守ってくださり、視聴者の皆さん、ありがとうございました。

実は、つい先日、テレビ派に出演している時に涙が出そうになったことがあったんです。

メガネをかけて出演した時なのですが、あの時、直前に目の注射の治療を受けて、コンタクトも目の周りの化粧も出来なかったんです。

そんな状態でテレビに出て、どんな風に思われるのかなとすごく不安だったのですが、視聴者の皆さんから〝メガネ似合いますね〟という温かい言葉をいただきました。

その時に、気がついたんです。

この27年間、色々不安なことがあったのですが、そういう時は必ず、視聴者の皆さんが私を励ましてくれたんですよ。

例えば、入社1年目の秋から柏村武昭のテレビ宣言に出演させていただいたのですが、無知で広島のこともよく分からなかったんですね。

だけど、街に出ると、皆さんが〝柏村さんの隣の子よね。福井から来たんよね〟という風に話しかけてくださいました。

それはとても心強かったです。

そして、出産を経て番組に戻って来た時も、もう忘れられているかな〜と不安でしたが〝待っていたよ。おかえりなさい〟という言葉をいただきました。そうやって、応援してくださる皆さんがいたからこそ、私は今ここに立っているのだと思います。

本当にありがとうございました。

そして、よく、今後どうされるんですかと聞かれるのですが、私の夢は〝生涯しゃべり手であること〟なんです。

これからは自分のペースで自分の責任で、自分らしく仕事を続けていくつもりです。

今までほどテレビで見かけることはないかもしれないけれど、しゃべる仕事は続けますので、これからも皆さんに応援してもらえるようにがんばります。

最後になりますが、広島に来て、広島テレビのアナウンサーになれて本当によかったです。

幸せな27年をありがとうございました！』


言いたかったことを全てしゃべり終え、ふと時計を見ると、まだ5秒あります。

私は思わずこう続けました。

「少し余りましたね。

どうしよう。

皆さん、サランヘヨ〜！」

最後の言葉は私の趣味である韓国語の「愛しています」でした。

時間ピッタリでキレイに言い終わるのが、やはりかっこいいですが、そうならなかったのは私らしかったかもしれませんね。

実は、私が若い頃目標にしていた先輩アナウンサーの田坂《たさか》るりさんも、スポー

テレビ派最終日、女性アナウンサー達と

ツ元気丸を卒業する最後のあいさつで照れながら「2秒余ってしまいました」と言われました。

私はその自然さがとにかく好きでした。田坂さんより長く余らせてしまいましたが（汗）、あの時、焦らず「サランヘヨ」が言えたのは田坂さんのおかげです。

最後の最後に改めて、私は広島テレビの先輩方から学んできたことで今の自分が作られていることに気がつきました。

一つだけ、言葉が足りなかったので、言わせてください。

私が番組で泣きそうになったのは、メガネが恥ずかしかったからではありません。アナウンサーになって最初から最後まで、視聴者の皆さんに励まされてきたことに気づき、感動したからです。ここをちゃんと言えていたら5秒余らなかったのかしら……(笑)。

8 視聴者の皆さんへ

私がテレビ派を卒業する3日前から、広島テレビのロビーには、サンキューツリーという大きなメッセージボードが登場しました。私の卒業に合わせ、視聴者の皆さんにメッセージを書いていただくというものです。

わざわざ広島テレビまで足を運んでくださる方がいるんだろうかと内心不安でしたが、その後1カ月間設置され、多くの方が書いてくださいました。「笑顔が大好きでした」「これからもファンです」など、永久保存したくなるメッセージばかりで、本当にうれしかったです。

また、番組へのメール、視聴者対応の電話、インスタグラムへのDM（ダイレクトメッセージ）、手紙、お花やプレゼントなど、本当に多くのお心遣いをいただきました。中には、将来一緒に仕事がしたい！　と言ってくれた小学生も！　かわいいですね。

今回、卒業するにあたって感じたのは「こんなに多くの方が私を応援してくださっていたんだ！」ということ。アナウンサーの仕事をしていると、SNSなどに、良い事も悪い事も書かれることがあります。

私の場合、長く夕方の番組を担当し、褒めてくださる方がいた一方で、若い人のチャンスを奪っていると言われてしまうこともありました。不思議なもので、マイナス意見というのは、特に記憶に残ってしまうもの。しかし、自分にはその何倍、何十倍もの味方がいてくださったことに改めて気づかされました。感謝の気持ちでいっぱいです。

本当にありがとうございました。

9 広島テレビの皆さん&後輩たちへ

広島テレビの皆さんには、やはり感謝しかありません。

私の最後のテレビ派の日は、さまざまな部署の方がスタジオまで見に来てくださいました。また、たくさんの送別会もしていただきました。テレビに出ている私達アナウンサーは、まさに氷山の一角。その陰には、多くの番組スタッフがいて、さらに、番組をプロモーションする人や、制作費を生み出す人、広島テレビそのものの運営に携わる人など、さまざまな方の努力があります。私の広島テレビでの27年半は、そんな皆さんに支えられ、作っていただいた27年半だと思っています。

そして、私がアナウンサーとして学んだ、後輩たちに伝えたいこと……。

一つ目は、コミュニケーションの大切さです。

『柏村武昭のテレビ宣言』に抜擢された新人の頃、私は、みんな自分には期待していないと思い込み、周りが全て敵のように見える時期がありました。そんな時に、あるスタッフの方が「毎日大変じゃね。よくやっているね」と声をかけてくれて、すごく救われました。思い込みのせいで、自分から孤立してしまう時もあります。けれど、誰も自分の味方じゃないと思った時こそ、周りの人とコミュニケーションを取って、話をしてみてください。本当は応援してくれている人がいるんだと気づくはずです。言葉に出さなくても味方でいてくれる人がいることを知ってほしいです。

二つ目は、「全てに意味がある」ということです。

働いていると、時に、これが自分にとって何かプラスになっているんだろうか……と悩む瞬間があります。私も20代の頃、スポーツキャスターを目指し、毎日のように旧市民球場に通っていた時期がありました。しかし、当時の私はカープコーナーを担当していたわけでもなく、その行動が何かに直接生かされることはほとんどありませんでした。それが、2022年、カープのレジェンドゲームで実を結びます。広島東洋カープ往年の名選手たちがマツダスタジアムに集結し行われたOB試合を、広島テレビが開局60年記念の特別番組として放送。

私はベンチリポートを担当しました。ベンチにいらっしゃったのは、まさに、私が旧市民球場に足を運んでいた頃に顔を合わせていた方々。あの頃、そんなに多く会話をしたわけではなかったけれど、初対面ではなかったため、親近感を感じながらインタビューをすることができました。

若かりし頃の努力が、20年越しで報われたのです。

無駄なことなど一つもない。

どんなことも一生懸命取り組めば、必ず何かにつながっていく！

私はそう信じています。

10 退社後の生活

広島テレビを退社する時、「子ども達との時間が増えますね」と、多くの方に言われました。しかし、中・高生男子は、それほど母

親を必要としていないようで……、猫との時間の方が増えました（笑）。それでも、学校から帰ってきた息子と他愛もない話をする時間は楽しいです。

また、朝は少し楽になりました。これまでは、お弁当を作り、子ども達を送り出した後に自分の支度をして…とバタバタでしたが、今は家族を送り出してしまえば、あとはゆっくり自分のことができます。朝ご飯を食べながら新聞に目を通し、気になった記事を家族にLINEで送るのが午前の恒例になりました。

仕事は、今は講演会や司会、テレビ、ラジオへのゲスト出演などを多くしています。

そして、週に2回はオンラインレッスンの日。一つは趣味の韓国語です。実は退社してすぐ、一人韓国旅行を決行しました。韓国語を実践の場で使うため、また、一人で全てを行うことで人として強くなるためです。韓国語の出来はまだまだでしたが、韓国高速鉄道KTXやバス、地下鉄など、ありとあらゆる

釜山・海東龍宮寺で見た朝日

交通機関を利用し、3泊4日でソウル、浦項《ぽはん》、釜《ぷ》山《さん》などを巡りました。釜山の海辺の岩場に建つ海《へ》東龍宮《どんよんぐん》寺《さ》で朝日を見た時は、フリーになったからこそ出合えた景色だなと感慨深かったです。

さらにもう一つ、オンラインで取り組んでいるのが声優の勉強です。アナウンサーとして多くのナレーションは読んできましたが、声で演技をすることはしてこなかったなと思い、退社を機に始めました。先日、女子高校生役に挑戦したら、妙に落ち着いた女子高生になってしまいました(笑)。難しいですが、とても新鮮です。

夕食は、平日の週に3日だけ作っています(土日は夫がよく作ってくれます)。あとの2日は「おばあちゃんの料理も食べたい」という子ども達の声に応えて、義母が引き続き作ってくれています。私は3日でもあっぷあっぷで、これを何年も、毎日してくれていた義母のすごさを改めて感じています。

テレビ派は、夕食の準備をしながらよく見ています。私もこんな風に見ていただいたんだなと思いながら、後輩達の堂々とした仕事ぶりに目を細めています。

退社してから始めたのは、顔の筋トレ。久しぶりに視聴者の方に会った時に「老けた」と思われないようがんばっています（笑）。効果はいかに？

11 今後の夢

私の夢は、テレビ派の最後のあいさつでも話した通り、「生涯しゃべり手であること」です。「しゃべり手」としたのは、アナウンサーの枠にとらわれず、さまざまな仕事をしていきたいからです。

具体的には、ラジオデビューの時にも口にした「自分の名前のついたラジオ番組を持つこと」。有働由美子さんや辛坊治郎さんのラジオが好きでよく聞くのですが、テレビとはまた違って、どこまでも〝素〟で、とにかく楽しそうなんです。私もあんなしゃべりがしてみたい！　これは、広島テレビ卒業を決めるずっと前からの夢だったので、ぜひ叶えたいと思っています。

また、大好きなナレーションの仕事は絶対に続けていきたいです。

広島テレビで最後に担当したドキュメントでは、読むというより語る、それまでやったことのないナレーションに挑戦しました。そんな風に、まだまだ新しい表現がしてみたいのです。

声優の勉強を始めたのもそのためです。声優の方と接すると、その想像力の深さに驚かされます。この人物はどんな気持ちでこの言葉を発したのか、元々どんな性格で、どんな行動をして今に至っているのか……。これまでの私にはなかった視点に気づかされ、本当に勉強になります。いつか、大好きな韓国ドラマの吹き替えができたらいいなと、夢は広がっています。

私は今、人生の折り返し地点に立ったばかりです。
まだまだこれから!
なんだって挑戦できる!
常に夢を持ち続け、自分の未来にワクワクしながら歩んでいきたいと思います。

視聴者の方に頂いた手作りうちわ

ドタバタ column 08

貴重な経験

広島テレビのアナウンサーになったからこそできたことがたくさんあります。

仕事を通して、普通はできない貴重な経験ができる……アナウンサーの醍醐味かもしれません。

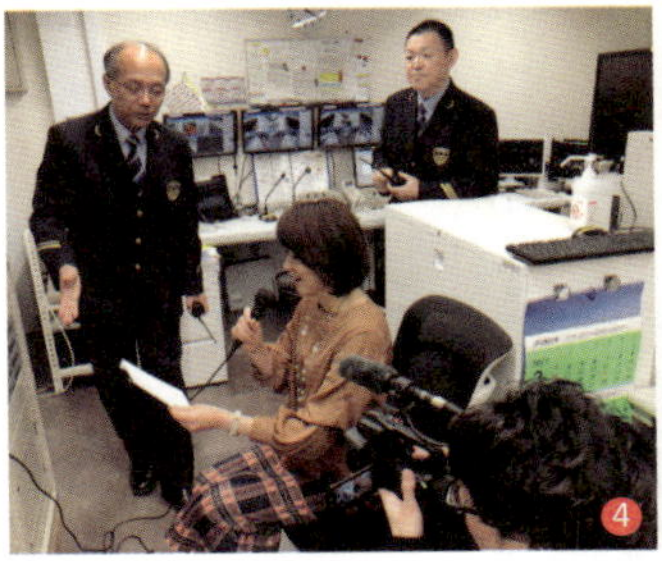

①コスプレイヤーの取材で、私も機動戦士ガンダムのセイラ・マスに！
②ウェディング雑誌モデルを体験
③「Istyle presents TGC HIROSHIMA 2017 by TOKYO GIRLS COLLECTION」でランウェイを歩きました
④広島駅での構内アナウンス

おわりに

広島テレビを卒業して約4カ月。

私は今、フリーランスの立場でしゃべる仕事を続けています。

毎日のようにテレビに出ていた生活から一変。家で過ごす時間が増えたものの、時間の使い方が下手なのか、思った以上にあっという間に1日が過ぎていきます。目は一時期より回復し、左目に出ていたゆがみは無くなりました。右目はあまり変わりませんが、見え方というのは慣れるようで、最近はだいぶ気にならなくなってきました。


この本が出版される日は、私の50歳の誕生日です。人生100年時代のちょうど折り返し。そんな特別な節目に、広島テレビアナウンサー時代のかけがえのない思い出を、皆さんに読んでいただけることは、この上ない喜びです。出版にご協力いただいたザメディアジョンの皆さまに感謝申し上げます。

私がテレビで卒業を発表した際、フリーアナウンサーの先輩が「新しい扉がまた開くよ」と言ってくださいました。前向きになれる、すてきな言葉だなと思いました。広島テレビを離れたことが、この先の自分にとってプラスなのかマイナスなのかはまだ分かりません。それでも、新しい扉をどんどん開いて、自分の力でプラスにしていくつもりです。

27年半、広島テレビアナウンサー馬場のぶえを応援してくださり、本当にありがとうございました。たくさんの感謝を胸に、これからも「りきまず　きどらず　自然体」で前進し続けます！

2025年2月吉日　馬場のぶえ

[著者]

馬場のぶえ ばば・のぶえ

1975年2月27日生まれ。福井県坂井市丸岡町出身。日本大学芸術学部放送学科卒業。1997年、広島テレビにアナウンサーとして入社。『柏村武昭のテレビ宣言』『テレビ派』など、27年にわたり、夕方ワイド番組のキャスターを務める。2024年10月に広島テレビを退社し、「生涯しゃべり手」の夢に向かってフリーランスに転身。著書に、パーキンソン病と認知症を患った実母の介護体験を綴った『ドタバタかいご備忘録』(ザメディアジョン)。2男1女の母。趣味は韓国語。モットーは「りきまず　きどらず　自然体」。

ドタバタ アナウンサー回顧録

2025年2月27日　初版第1刷

著者　馬場のぶえ

表紙写真　川口宗道
表紙ヘアメイク　福島瑞栄
編集　堀友良平
装丁・装本　村田洋子
DTP　濱先貴之
校閲　菊澤昇吾　北村敦子
販売　細谷芳弘　高雄翔也

印刷・製本　株式会社シナノパブリッシングプレス

発行人　田中朋博
発行所　株式会社ザメディアジョン
〈本社〉
〒733-0011 広島県広島市西区横川町2-5-15 横川ビルディング
TEL.082-503-5035　FAX.082-503-5036
〈東京本部〉
〒141-0031 東京都品川区西五反田8-4-13 JPビル2階 A04号室
TEL.03-5719-6111　FAX.03-5719-6112

ISBN978-4-86250-823-2